*Tania Konnerth*

*Weil du mich trägst*

Tania Konnerth

# Weil du mich trägst

Eine Frau, ein Pferd und der Weg zum Glück

HERDER

FREIBURG · BASEL · WIEN

»Ich bin nur ein Pferd,
aber ich lebe mein Leben.
Wer das von sich sagen kann,
ist dem Glück schon sehr nah.«

Bella

# Inhalt

# Prolog

Komm mal mit, ich möchte dir etwas zeigen. Hier, nimm das Rad und fahre mit mir durch das kleine Wäldchen und dann weiter auf dem Feldweg entlang, bis der nach links abgeht und zum Tor meiner Weide führt. Sie liegt etwas versteckt hinter hochgewachsenen Büschen.

Atme auf der Fahrt die weiche Luft ein, die uns an diesem herrlichen Spätsommertag umschmeichelt, sie duftet nach Gras und Blüten. Siehst du dort links die Rehe auf dem noch nicht umgepflügten Stoppelfeld? Sie haben uns natürlich längst entdeckt und überlegen wachsam, ob sie fliehen müssen oder bleiben können. Und schau, über uns zieht der Rotmilan weite Kreise. Hörst du auch die Rufe der Schwalben? Schau, dort drüben schießen sie in einer kleinen Gruppe übers Feld. Viele sind schon fort, aber hier bereiten noch einige Altvögel ihren Nachwuchs auf den langen Flug vor, der ansteht. Ich wünschte oft, ich könnte eine von ihnen sein und würde ihre Flugakrobatik so gut beherrschen wie sie. Geht es dir vielleicht auch so?

Nun, da wir am Tor der Weide stehen, lass erst einmal deinen Blick schweifen. Sind die hohen Bäume, die die Weide einrahmen, die alte Eichen und Buchen, nicht eindrucksvoll? Und vor allem erst die hochgewachsene Pappel in der Mitte, die mit einem gebieterischen Rauschen ihrer Blätter regiert wie eine Königin ihr Reich.

Doch jetzt lass uns Ausschau nach den Pferden halten, denn da finden wir das, was ich dir zeigen möchte.
Hast du sie entdeckt? Ein gutes Stück rechts von der Pappel sind eine Frau und ein weißes Pferd in der Mitte all der anderen Pferde. Die Frau, sie heißt Doro, siehst du von hinten, denn sie hockt im Schneidersitz auf einer kleinen Decke. Ihr Blick ruht auf dem weißen Pferd, das dicht bei ihr steht. Von hinten wirkt Doro mit ihren langen Haaren und schlank, wie sie ist, noch immer wie ein junges Mädchen. Aber tatsächlich befindet sie sich bereits in ihrer zweiten Lebenshälfte. Das weiße Pferd ist Doros Stute Bella. Auch sie ist nicht mehr jung, aber noch sieht man ihr das nicht an. Die Sonnenstrahlen, die ihren Weg durch die Bäume finden, berühren nicht nur Doro und Bella zärtlich mit wärmenden Fingerspitzen, sondern auch die anderen Pferde, die einen fast perfekten Kreis um die beiden bilden.
Vielleicht empfindest auch du diesen Moment als fast als magisch, so, wie es mir immer geht, wenn ich Doro und Bella sehe. Manchmal sind sie für sich, etwas abseits von den anderen, aber meistens wollen alle Pferde an dem teilhaben, was immer dort auch geschieht. Sie sind dann ganz nah bei Doro und Bella, einige dösen im Stand, andere liegen sogar. Es ist, als kämen sie alle rund um eine Quelle zusammen, um dort Ruhe, Kraft und Frieden zu tanken.

Zugegeben, als Doro mir erzählte, dass sie eine Stute retten wollte, und mich fragte, ob sie mit ihr zu mir kommen könnte, verdrehte ich erst einmal die Augen. So gerne ich sie mochte, das war doch ein bisschen zu klischeehaft! Ein Mitleidskauf von einer ziemlich pferde-unerfahrenen Frau in der Midlife-Crisis, um Löcher zu stopfen und sich nicht so allein zu fühlen? So etwas regte mich auf. Ich hatte schon immer mit Pferden zu tun gehabt und führte seit vielen Jahren meinen Pferdebetrieb und doch kam es mir immer vor, als wüsste ich viel zu wenig. Aber jeder, dem nach einem Pferd zumute war, konnte sich eines kaufen, ohne Ahnung davon zu haben, was alles dazu gehört. Als ob es so einfach wäre ...

Doch sie war nicht davon abzubringen, und offenbar sollte es so sein, denn ich ahnte, dass die Stute für sie so wichtig war wie Doro für Bella. Zudem kannte ich Doro gut genug, um zu wissen, dass sie sich der Verantwortung bewusst war, die sie übernahm, und dass sie alles tun würde, um sich das nötige Wissen anzueignen, um gut für diese Stute zu sorgen. Also nahm ich die beiden bei mir auf.

Doro fragte mich weniger oft um Rat, als ich es erwartet hätte, und nach und nach schaute ich fast ein bisschen neidisch zu, wie sich so ganz ohne System oder Methode etwas zwischen den beiden entwickelte, das ich selbst bisher mit keinem meiner Pferde erreicht hatte.

Doro und Bella verstanden sich auf eine so natürliche wie selbstverständliche Art, dass Doro keinen Unterricht und keine Trainerin brauchte. Es ging Doro nicht darum, etwas mit dem Pferd zu erreichen, es ging ihr um das Miteinander. Und genau das fand sie bei Bella, als wären die beiden so etwas wie Seelenverwandte. Die Stute wusste immer genau, wann Doro auf dem Weg zu ihr war. Manchmal trottete sie schon zum Tor, um sie zu begrüßen, manchmal schaute sie einfach nur dorthin und wartete, bis Doro auftauchte.

Mag sein, dass wir im Stall zunächst manchmal über Doro lachten, und sicher wurde auch getuschelt, weil sie so anders war. Manchmal war ich auch von Doros vermeintlicher Naivität etwas peinlich berührt. So las Doro Bella und den anderen Pferden aus Büchern vor und spielte Musik für sie, das hatte noch keine von uns zuvor erlebt. Wir setzten uns nicht einfach nur zu unseren Pferden, ohne etwas mit ihnen zu tun, schließlich gehörten Training und Arbeit dazu, und die Zeit war eh meist knapp. Aber als wir merkten, dass die beiden etwas teilten, von dem wir gar nicht wussten, dass das mit einem Pferd möglich war, waren wir beschämt und tief berührt zugleich und hätten gerne von Doro gelernt.

Aber … ich spiele hier nur eine Nebenrolle, denn hier geht es um Doro und Bellas Geschichte. Eine Geschichte, die Mut macht und Hoffnung und einlädt, nicht nur wieder mehr an Wunder zu glauben, sondern vor allem auch an sich selbst. Und wer kann das alles gerade in diesen Zeiten nicht gut gebrauchen?

# Teil 1

… in dem eine Ehe zerbricht,
ein Pferd gekauft wird
und etwas ganz Neues beginnt.

## Der Anfang ist ein Ende

Das Leben meint es wahrscheinlich gar nicht böse, wenn es manchmal von einem Tag auf den anderen alles auf den Kopf stellt. Das ist einfach so seine Art und gehört wohl mit dazu. Aber wenn das Leben das tut, und damit ganz plötzlich all das ändert, was man für sich geplant oder gewollt oder aufgebaut hat, fragt man sich verwirrt, wem denn dieses Leben gehört, in dem man da gelandet ist, und ob man daraus nicht aufwachen kann, wie aus einem bösen Traum, damit dann wieder alles so ist wie zuvor.
Doch das passiert nicht, denn es ist kein Traum. In gewisser Weise erwacht man viel mehr in einer neuen Realität, zumindest war es bei mir so.

Ich gehörte immer zu den Menschen, die fest davon überzeugt waren, dass sich Dramen und Krisen vermeiden lassen, wenn man sich ein bisschen Mühe gibt. Ich glaubte ernsthaft, dass Menschen, die vernünftige Entscheidungen treffen, nicht zu viel erwarten, gut organisiert und pflichtbewusst sind und bei alledem möglichst unauffällig bleiben, um nirgendwo unnötig anzuecken, friedlich und ohne große Krisen durch das Leben gleiten können. Für genau so einen Menschen hielt ich mich, und tatsächlich war mir all das auch recht gut gelungen – bis zu dem Moment, in dem ich erkennen musste, dass ich den Deal ohne das Leben gemacht hatte. Dann stürzte ich im freien Fall in genau ein solches Drama, das ich für mich immer ausgeschlossen hatte.

Wer meine Geschichte hört, könnte den Eindruck gewinnen, das Drama begann mit einem Pferd. Oder besser gesagt mit meiner Entscheidung, eine Stute mit Namen Bella zu kaufen. Aber das ist nicht richtig. Das Drama nahm sehr viel früher seinen Anfang, ich hatte es nur nicht bemerkt oder vielleicht auch nicht merken wollen.

Bella zu übernehmen, war eine Entscheidung, die mir keiner, der mich kannte, zugetraut hätte, und am wenigsten ich selbst. Es war ganz klar nicht mein Verstand, der diese Entscheidung traf, im Gegenteil, er war voll und ganz dagegen gewesen. Diese Entscheidung traf mein Bauch oder mein Herz oder vielleicht war es auch das Leben, das entschied, dass es Zeit für etwas Neues für mich wäre. Und Neues würde kommen, weit mehr als auf das ich vorbereitet war.

In meinem Leben hatte es nie wirklich verrückte Ideen gegeben. Nicht mal als Jugendliche brauchte ich etwas Besonderes, musste nicht überall mitmischen und mochte keine Überraschungen. Am liebsten war es mir immer gewesen, wenn ich am Rand stehen und mit etwas Abstand zuschauen konnte. Tief in mir war ich überzeugt, dass wenn ich nur weit genug im Hintergrund bliebe, mir auch nichts

Schlimmes passieren könne, im Gegensatz zu denen, die sich gerne aus dem Fenster lehnten oder im Mittelpunkt standen.
Ich bevorzugte schon immer das Ruhige und Verlässliche, denn mir wurde schnell alles zu viel. Zu viele Menschen, zu viele Möglichkeiten, zu viele Entscheidungen. Zu vieles, das wehtun konnte, zu viele Forderungen, zu viele Bedenken. Deshalb schuf ich mir ein überschaubares und kontrolliertes Leben und war damit zufrieden. Fragen nach Selbstverwirklichung, Lebenszielen oder gar Abenteuern interessierten mich nicht. Ich war mir sicher, dass ich nichts Großes brauchte, ich wollte, dass einfach alles seinen vertrauten Gang nahm und ruhig und berechenbar blieb.
So beschloss ich, entgegen dem allgemeinen Trend, auch beruflich nicht an große Träume zu glauben, und entschied mich gegen meinen ursprünglichen Wunsch, Ärztin zu werden. Auch meine Mutter riet mir ganz klar davon ab.
»Dafür bist du nicht gemacht«, sagte sie.
Gerade von unseren Eltern können wir ja solche Wahrheiten meist nicht gut annehmen, aber ich hatte immer auf sie gehört und glaubte ihr. Bis heute bin ich mir allerdings nicht sicher, ob sie recht hatte, und ich wünschte, ich hätte es wenigstens probiert. Vielleicht wäre ich gescheitert, aber es einfach gar nicht erst zu versuchen, ebnete den Weg für viele sehr ähnliche Entscheidungen: immer mehr auf andere zu hören als auf mich selbst und nur nichts zu

wagen, wenn man nicht sicher sein kann, dass es auch gut wird.
Dafür suchte ich mir etwas Ähnliches und wurde Apothekerin. Das gefiel auch meiner Mutter, und tatsächlich lag es mir. Das Studium war nicht einfach, doch das Lernen war mir immer leichtgefallen. Die Vorstellung, auf diese Weise ebenfalls anderen Menschen helfen zu können, versöhnte mich mit dem Abschied von meinem Traumberuf.
Und das Beste war, dass ich einen krisensicheren Job hatte. Medikamente würden immer gebraucht werden. Darüber hinaus bot mir der Verkaufstisch eine wohltuende Grenze, die ich sonst so schwer für mich ziehen konnte. Hinter diesem Schutz konnte ich für jeden da sein und das geben, was ich geben wollte, ohne mich vereinnahmen zu lassen. Und wenn ich am Ende meiner Arbeitszeit aus der Tür ging, konnte ich alles loslassen, womit ich den Tag über zu tun gehabt hatte – Sorgen, Krankheiten, Schmerzen. All das blieb in der Apotheke, und ich konnte in meine kleine heile Welt verschwinden mit dem wohligen Gefühl, wichtig zu sein und etwas Gutes getan zu haben.

Ganz ähnlich entschied ich auch, nicht an die große Liebe zu glauben, sondern ich setzte auf Freundschaft. Ich suchte mir einen unauffälligen, beständigen Mann, mit dem ich mich einfach gut verstand. Uns verband vieles, aber Liebe war es nicht.

Nachdem Gregor und ich geheiratet hatten, kauften wir uns ein kleines Haus am nördlichen Stadtrand von Hamburg am Ende einer Sackgasse. Da wir keine Kinder wollten, brauchten wir nicht viel Platz und mussten auch nicht auf Schulen in der Nähe achten. Der Garten war klein, hübsch und pflegeleicht. Ich hätte zwar Lust gehabt, richtig zu gärtnern, aber so war es vernünftiger gewesen.
Gregor und ich teilten die Liebe zum Lesen. Wir saßen oft stundenlang in unseren Sesseln oder im Sommer auf der Terrasse, in verschiedene Welten und Themen vertieft, über die wir dann später redeten. Wir erzählten uns, was jeweils in unseren Geschichten passiert war oder was wir aus einer Abhandlung gelernt hatten, und so war es, als hätten wir jedes Buch gemeinsam gelesen, nur eben mit einem anderen Augenpaar. Das war für mich Nähe, und es verband uns auf eine sehr schöne Weise.
Wir unternahmen auch Radtouren in der Umgebung oder packten die Räder aufs Auto und fuhren ein Stück weiter weg, um uns dort auf den Sattel zu setzen. Wirklich in die Ferne zog es mich nicht, es gab doch hier schon so viel zu entdecken! Hin und wieder verreisten wir zwar auch mal, aber es war vor allem Gregor, der vom Reisen träumte. Ich wollte möglichst nie sehr weit weg und wenn, dann am liebsten in die Natur. Große Städte waren mir schnell zu laut und zu anstrengend. Hin und wieder fing Gregor an, von Kanada oder den USA zu erzählen, oder er zeigte mir

Bilder von Südamerika und Australien, aber es wurden nie echte Pläne daraus, und darüber war ich froh.
Mir reichte, was wir hatten. Beruflich hatte ich sehr viel mit Menschen zu tun, da genoss ich es privat, für mich zu sein. Mit einer Freundin von früher telefonierte ich regelmäßig und führte mal hier ein Gespräch mit der Nachbarin und hatte mal da eine Begegnung auf einem Spaziergang. Das war mir genug. Einladungen lehnte ich meist freundlich so oft ab, bis keine mehr kamen. Familienbesuche waren rar, da von meiner Seite kaum noch jemand lebte und Gregor schon durch die Arbeit so intensiven Kontakt mit seinem Vater hatte, dass er ihn nicht noch häufiger hätte treffen wollen. Und mit seiner Mutter war es sowieso schwierig. Er liebte sie sehr, aber sie zog seinen Bruder vor, mit dem sich Gregor so gar nicht verstand. Entsprechend angespannt waren alle Zusammentreffen in dieser Familie, und wir waren die meiste Zeit für uns.
Fragte mich jemand, wie es mir ging, so antwortete ich immer, dass es nicht besser gehen könnte, und ich glaubte fest daran, dass es tatsächlich auch so war. Ich wollte zufrieden sein, denn, so dachte ich, wer zufrieden ist, dem wird auch nichts genommen, das trifft nur die, die nie genug bekommen.

Dann tauchten eines Tages plötzlich überall Pferde auf.

Manchmal gibt es ja diese seltsamen Vorfälle, die einen immer wieder auf etwas hinweisen. Erst denkt man sich nichts dabei und hält es für Zufall. Doch irgendwann kann man es nicht mehr ignorieren – vor allem dann nicht, wenn diese Vorkommnisse an etwas tief in einem rühren. Bei mir war es ein Traum, den ich vor langer Zeit begraben hatte, und zwar so tief, dass er selbst für mich in Vergessenheit geraten war.

Ich glaube, es fing damit an, dass Gregor eine Dokumentation über Island anschauen wollte. Dort war dann unter anderem eine kleine Gruppe Touristen zu sehen, die auf bildhübschen Pferden durch eine bizarre Landschaft ritten, um sie herum eine frei mit ihnen laufende Herde.

»Wow, das muss schon toll sein«, sagte ich.

»Na, das klingt aber gar nicht nach dir«, sagte Gregor.

»Wieso? Ich bin sogar schon mal geritten!«, sagte ich stolz.

»Ach, ja? Wann denn?«

»Ist lange her, da war ich zwölf oder dreizehn, hab aber schnell wieder aufgehört.«

Und damit war das Thema für Gregor durch, doch in mir regte sich etwas aus der Zeit, als ich noch träumen konnte. Unfug, damals war ich bloß ein Kind, schalt ich mich und schob die Erinnerungen wieder zurück in die Tiefe.

Einige Tage später saß ich im Wartezimmer meiner Frauenärztin und blätterte in einem GEO-Magazin. Schon auf der Titelseite war ein Pferd zu sehen, und der Leitartikel dazu erstreckte sich über mehrere Seiten. Ich las ihn ganz bewusst nicht, sondern griff nach einer anderen Zeitschrift. Dafür träumte ich dann in der Nacht von Pferden, und im Radio am nächsten Tag gab es eine Meldung von ausgebrochenen Pferden auf einer Bundesstraße in der Nähe. Ich schüttelte den Kopf und dachte bei mir, dass es nun aber langsam reichen würde mit diesem Thema.

Tatsächlich ging es aber erst richtig los, denn an diesem Nachmittag saß Svenja, die fünfzehnjährige Tochter meines Kollegen Uwe, hinten in der Apotheke. Uwe war geschieden und sah Svenja sehr selten, deshalb kannte ich das Mädchen kaum. So wusste ich erst nicht, was ich tun sollte, als ich hörte, dass sie weinte.

Ich schaute zu Uwe, der mit den Achseln zuckte und sich einer älteren Dame widmete, die um eine Rheuma-Creme bat.

Also ging ich zu ihr und fragte sie, was denn los sei. Eigentlich hatte ich nicht damit gerechnet, dass sie überhaupt mit mir reden würde, sondern dachte, dass sie mich nach Teenagerart abweisen würde. Aber ich konnte sie ja auch nicht so allein da sitzen lassen, ohne wenigstens zu fragen. Und als hätte sie nur darauf gewartet, erzählte sie mir schluchzend, dass sie morgen für ein Austauschjahr nach Spanien gehen würde und deshalb ihr Pflegepferd Bella zurücklassen musste.

Ich hatte gar nicht gewusst, dass Uwes Tochter reitet. Dass sie mir nun auch von einem Pferd erzählte, konnte doch langsam kein Zufall mehr sein.

Ich versuchte, sie zu beruhigen: »Ach, nein, sie wird ganz bestimmt noch da sein ...« Was man Kindern halt so sagt, obwohl man es natürlich besser weiß. Doch Svenja weinte nur noch mehr.

»Dem Hoffmann geht es doch bloß ums Geld! Bella ist nicht mehr die Jüngste und lahmt immer öfter. Wenn sie nicht mehr in den Reitstunden mitgehen kann, will er sie nicht mehr, das weiß ich. Und dann bringt er sie zum Schlachter, und ich bin nicht da, um sie zu retten ... Meinen Eltern ist das ganz egal, und morgen bringt Papa mich zum Flughafen und dann kann ich nichts mehr tun.« Der Rest ging in ihrem Schluchzen unter.

Während ich ungeschickt versuchte, Svenja zu trösten, glaubte ich wahrscheinlich wirklich noch, dass die Geschichte nichts mit mir zu tun habe. Aber da sollte ich mich irren.

Am Abend fiel mir nämlich plötzlich Nicole wieder ein. Nicole hatte ich an der Uni kennengelernt. Auch sie hatte eigentlich Ärztin werden wollen, und auch ihr hatte wohl der Mut gefehlt, sodass sie sich, genau wie ich, für das Pharmaziestudium entschieden hatte. Das verband uns auf Anhieb, und wir wurden Freundinnen.

Wir halfen uns gegenseitig durch das Grundstudium, lernten zusammen und machten uns immer wieder Mut, wenn hin und wieder Fragezeichen auftauchten, ob unsere Entscheidung tatsächlich richtig gewesen war und ob wir das alles wirklich so wollten. Nicole war unglücklicher als ich, denn für mich bedeutete eine einmal gefällte Entscheidung, dass ich sie auch durchziehen würde. Aufgeben war für mich nie eine Option gewesen. Sie aber haderte mit jedem Semester mehr. Am Ende des sechsten Halbjahres teilte sie mir dann mit, dass sie das Studium abbrechen würde.

»Aber was willst du denn dann machen?«, fragte ich sie, wobei meine eigentliche Frage die danach war, was ich dann machen sollte.

»Das, was ich immer wollte: was mit Pferden! Ich gründe einen Ponystall.« Und damit war es ihr ernst.

Es fiel mir damals schwer, mein Unverständnis herunterzuschlucken, denn die Entscheidung war für mich absurd, und ich nahm sie ihr persönlich übel. Für einen albernen Mädchentraum ein solides Studium aufzugeben, das war einfach nur dumm. Aber ich sagte nichts.

Heute denke ich, dass meine strikte Ablehnung mehr mit mir als mit ihr zu tun hatte. Auch ich hatte die Samen des Zweifels in mir, hatte aber immer gut darauf geachtet, jedes Unkraut in Form von verrückten Ideen in mir sofort auszureißen.

Dass es ausgerechnet Pferde sein sollten, für die sich Nicole entschied, machte die Sache nicht besser, denn das berührte den schon besagten, schmerzlich begrabenen Wunsch in mir. Wie so ziemlich alle Mädchen hatte auch ich eine frühe Pferdephase gehabt, in der ich mir nichts sehnlicher gewünscht hatte als ein Pferd. Mit solch einem wundervollen, kräftigen Tier an meiner Seite würde mir niemand etwas anhaben können, und auf seinem Rücken würde ich sicher durchs Leben getragen werden, so dachte ich damals.

Ein eigenes Pferd war außer jeder Diskussion, dafür war nicht genug Geld da. Aber da eine Klassenkameradin ein eigenes Pferd hatte, durfte ich beim Unterricht zuschauen. Daraufhin erbettelte auch ich mir Reitstunden. Meine Mutter hielt nichts von der Idee und sagte, dass es mir in so einem Reitstall ganz sicher nicht gefallen würde. Aber ich gab nicht auf, bis sie mir endlich einige Reitstunden schenkte.

Doch leider war die Sache dann in der Realität wirklich nicht so, wie ich es mir ausgemalt hatte: Ich saß im Reitunterricht unsicher und verloren auf Pferden, die einfach hinter dem vorderen Pferd herliefen, und hoffte Runde für Runde im Trab nicht herunterzufallen, weil ich mich nicht mal im Schritt sicher fühlte. Der Reitlehrer war ein strenger, lauter Mann, und statt hilfreicher Anleitungen gab es Befehle, die ich nicht verstand. So klammerte ich mich mit meinen Beinen an den Leib des Tieres und hielt mich am Sattel fest – das hatte alles so gar nichts damit zu tun, was ich mir erträumt hatte. Und als ich einige Reitstunden später vom Pferd fiel, weil es einen Sprung zur Seite gemacht hatte, traute ich mich nicht mehr rauf.

»Hab ich es dir nicht gesagt?«, war der Kommentar meiner Mutter. »Schluss mit dem Unfug.«

Wer weiß, hätte ich damals einen anderen Zugang zu Pferden bekommen und das Reiten anders gelernt, dann hätte ich diese Liebe sicher nicht aufgegeben. Aber so nahm ich die Entscheidung meiner Mutter hin und gab nicht nur meinen großen Wunsch auf, sondern mit ihm auch ein Stück weit die Fähigkeit zum Träumen. Ich wurde durch und durch realistisch. Ich ließ mich nicht mehr von dem beeindrucken, was andere taten oder toll fanden, sondern wählte all meine Aktivitäten mit Bedacht aus und ging nur an, was mir machbar und sinnvoll erschien. So wollte ich vermeiden, noch einmal zu scheitern.

Die Liebe zu den Pferden und die Idee vom Reiten bekamen einen Platz in dem kleinen Setzkasten tief in mir, in den ich liebevoll auch noch andere Ideen einsortierte, gegen die ich mich im Laufe meines Lebens entschied. Was dort landete, verdrängte ich erfolgreich und vermied, so gut es ging, daran zu rühren.

Nicoles Entscheidung für ihren Ponyhof drohte den begrabenen Traum von damals zu aktivieren, und das wollte ich auf keinen Fall. Als sie die Uni verließ, brach auch der Kontakt zu ihr ab.

Kurz danach lernte ich Gregor kennen. Er war der Freund eines Kommilitonen, mit dem ich regelmäßig für Klausuren lernte. Gregor studierte Betriebswirtschaft, denn er sollte das Unternehmen seines Vaters übernehmen, eine Beratungsagentur für mittelständische Baufirmen. Wenn ich ehrlich bin, habe ich bis heute nur eine vage Vorstellung von Gregors genauer Tätigkeit, denn er hatte nie gerne über seine Arbeit gesprochen, und mich hatte diese Branche auch nicht interessiert. Wie ich hatte auch er sich für den sicheren Weg entschieden und nicht für Selbstverwirklichung oder die Erfüllung von Lebensträumen. Da er jedes Mal froh war, die Arbeit hinter sich lassen zu können, fragte ich nur selten nach. Er schien zufriedener zu sein, wenn er nicht darüber reden musste.
Heute verstehe ich nicht, warum ich nicht viel öfter nachgefragt habe, vor allem auch danach, wie es ihm bei seiner Arbeit ging und was er vielleicht viel lieber machen würde. Tja, warum hatten wir überhaupt so wenig über uns gesprochen? Ich schätze, wir wollten uns wohl beide nie so nah kommen, dass wir groß über Gefühle wie Schmerz oder Traurigkeit hätten reden müssen. Uns verband unser sehr ähnliches Sicherheitsbedürfnis mehr als eine Sehnsucht nach Nähe und nach tiefem Austausch. Hätte ich

den Mut gehabt, das wahrzunehmen, hätte mir wohl klar sein können, dass das nicht für ein ganzes Leben reichen konnte …
Von Nicole las ich viele Jahre später in der Regionalzeitung einen Artikel über ihren kleinen Pferdestall, in dem sie therapeutisches Reiten für Kinder anbot. Sie war auf dem Foto kaum wiederzuerkennen, aber ich wusste sofort, wen ich da sah. Sie stand zwischen zwei Ponys, auf denen je ein Mädchen saß, und alle grinsten breit in die Kamera. Ich kann nicht mehr sagen, ob ich mich damals für sie freute oder den Kopf schüttelte.

Genau an diesen Artikel erinnerte ich mich, nachdem mir Svenja von Bella erzählt hatte. Während ich mich noch darüber wunderte, dass ich mich gleich an den Computer setzte, um die Adresse des Stalls zu recherchieren, hatte ich die Entscheidung wahrscheinlich schon getroffen.
Ich fand Nicole im Internet. Sie hatte eine Homepage mit stimmungsvollen Fotos, die mein Herz schneller klopfen ließen. Das würde ideal passen! Ich könnte doch die Stute kaufen, so viel würde ein ausgedientes Reitschulpferd sicher nicht kosten. Sie könnte dann zu Nicole, und ich würde mich so lange ein bisschen um sie kümmern, bis Svenja zurückkäme. Wenn das Auslandsjahr vorüber war, würde Svenja sie übernehmen, dachte ich, und ich fand das eine absolut fantastische Idee.

In dieser Nacht schlief ich so gut wie gar nicht. Ich starrte im Dunkeln an die Decke, hin und wieder aufgeschreckt durch einen kurzen Schnarcher von Gregor, und konnte nicht aufhören, an meinen Plan zu denken. Am Morgen schaute ich in den Spiegel und sah mich trotz tiefer Augenränder auf eine Weise lächeln, wie ich es schon lange nicht mehr getan hatte.

Vielleicht hätte ich Bella nicht gekauft, wenn Gregor anders reagiert hätte. Ich erzählte ihm beim Frühstück von dem Gespräch mit Svenja und dass ich überlegte, ob ich die Stute nicht kaufen sollte, damit sie nicht zum Schlachter käme.

»Du willst ein Pferd kaufen?«

»Ist doch nur für ein Jahr, nur bis Svenja wieder zurückkommt.«

»Na, dann mach mal.«

Ungläubig schaute ich meinen Mann an, der wieder in seiner Zeitung las. In mir tobte es. Ich war sehr aufgeregt und gleichzeitig enttäuscht von seinem Desinteresse, sodass ich am liebsten auf den Tisch gehauen hätte. Aber wir waren noch nie laut miteinander geworden. Es war ein stilles Einverständnis zwischen uns gewesen, uns nie wirklich zu streiten.

»Hast du mir gerade zugehört?«, fragte ich nach einer Weile.

»Ja, du willst ein Pferd kaufen.«
»Und du sagst nichts dazu?«
»Was möchtest du denn, dass ich sage?«
»Weiß ich nicht, dann könnte ich es mir ja selbst sagen. Irgendwie hätte ich schon eine Reaktion erwartet, denn das ist ja keine ganz alltägliche Entscheidung. Ich weiß nicht, ob es richtig ist. Ich bin einfach sehr aufgeregt und würde gerne wissen, was du davon hältst.«
»Aber ich habe damit ja gar nichts zu tun.«
»Mit dem Pferd nicht, aber wir müssen doch darüber reden, ich kann das doch nicht allein entscheiden.«
»Warum nicht?«
»Na, weil wir alles zusammen entscheiden. Weil es doch auch dich betrifft, wenn ich so eine Verantwortung übernehme. Weil ...« Mir fiel nichts mehr ein.
»Wenn du das machen möchtest, dann mach es.«
»Aber das ist eine große Sache! Wirklich Ahnung habe ich ja gar nicht. Das mit den Pferden ist schon so lange her, das hatte ich dir ja neulich erzählt, aber plötzlich sind überall Pferde aufgetaucht und irgendwie soll es vielleicht einfach so sein, ich habe ja auch eigentlich gar kein Hobby, das könnte sicher richtig schön werden, und vielleicht lernst du dann auch zu reiten und wir können das zusammen machen ...« Ich redete wie ein Wasserfall, weil ich das Schweigen fürchtete.

»Wirklich, Doro, das ist deine Sache, nicht meine«, sagte Gregor und begann, den Tisch abzuräumen.
»Und du hättest nichts dagegen?«, fragte ich leise, während ich die Teller aufeinanderstapelte und ihm in die Küche folgte.
»Nein«, sagte er und damit war auch dieses Gespräch für ihn beendet.

Hätte ich in diesem Moment nicht endlich merken müssen, dass etwas furchtbar falsch geworden war zwischen uns? Hätte ich nicht erkennen müssen, dass das, was mir so sicher schien, schon gar nicht mehr da war? Ahnte ich es vielleicht und stürzte mich deshalb so in die Sache mit dem Pferd? Im Nachhinein kann man manches deutlicher sehen, aber ich weiß bis heute nicht, was genau in mir vorging.
Von da an ging ich komplett auf in meinem Projekt Pferderettung, ganz entgegen meiner Art, nichts Ungewöhnliches zu tun. Auch Bedenken und Ängste hielten mich erstaunlicherweise nicht ab.
Erst rief ich Uwe an und schilderte ihm, was ich vorhatte. Uwe wiegelte ab, aber er konnte es mir ja nicht verbieten. Es war meine Entscheidung.
»Ich wollte schon immer ein Pferd«, sagte ich, obwohl das so nicht wirklich stimmte. »Gib mir mal Svenja.«

Svenja war natürlich überglücklich, meinen Plan zu hören. Bei ihr blieb ich etwas vage, denn noch war ja nichts sicher, aber ich versprach, dass ich alles versuchen würde, was möglich nur ist.

Und dann ging alles ganz schnell und war erstaunlich einfach: Ich schrieb Nicole eine E-Mail an die Adresse, die ich auf der Webseite gefunden hatte, mit der Frage, ob wir uns mal wieder treffen wollen. Die Antwort kam postwendend mit einem freudigen Ja, sodass ich schon am nächsten Tag auf ihrem Hof stand.

Es tat so gut, sie nach der ganzen Zeit wiederzusehen und die alte Verbundenheit zu spüren. Ihr schien es ähnlich zu gehen, denn sie strahlte schon, als ich aus dem Auto stieg, und umarmte mich so, wie mich schon lange niemand mehr umarmt hatte.

Ich erzählte ihr sofort von meiner Idee, denn ich musste endlich darüber reden können.

»Eine Stute retten? Was ist das denn für ein Pferd?«, fragte Nicole.

»Sie ist ein Schulpferd, schon etwas älter mit beginnender Arthrose, aber wohl sehr lieb und wunderschön ...«

»Du hast sie also noch nicht gesehen?«

»Nein.«

»Na, du scheinst ja sehr spontan geworden zu sein.«

»Ich und spontan? Oje, wohl kaum ...«, lachte ich.

»Na ja, mal eben innerhalb von einem Tag auf den anderen zu entscheiden, sich ein Pferd zu kaufen, wenn man seit Jahrzehnten nichts mehr mit Pferden zu tun hatte … Doch, ich würde sagen, das ist spontan.«
»Und ziemlich verrückt, oder?«
»Ja, das auch.«
»Aber was ist, wenn ich einfach weiß, dass ich das tun muss?«
»Dann muss es wohl sein.«

Nicole führte mich auf ihrem Gelände herum, und auch wenn ich nicht wirklich wusste, worauf es bei der Haltung von Pferden alles zu achten gilt, schien mir dieser Ort perfekt. Nichts erinnerte mich an das, was ich aus dem Stall meiner Kindheit kannte: Pferde angebunden in Ständern, die den ganzen Tag schon fertig gezäumt und gesattelt für die Reitschüler bereitstanden.
Das, was ich hier sah, wirkte eher wie ein kleines Dorf für Pferde. Es gab verschiedene Unterstände mit Liegeflächen. Gänge führten um kleine Wiesenstücke herum, und die Pferde verteilten sich überall. Es gab verschiedene Rückzugsmöglichkeiten, wo weicher Sand zum Hinlegen einlud und an verschiedenen Ecken standen Heu und Stroh bereit. Hin und wieder lagen Baumstämme auf den Wegen, über die die Pferde steigen mussten, und ein kleiner Hügel erfreute sich offenbar großer Beliebtheit.

Ich wurde von allen mit neugierigem Interesse beobachtet, aber meine Anwesenheit beunruhigte keines der Pferde. Fehlte nur noch Sonnenschein und ich hätte glauben können, mitten in einem Bilderbuch gelandet zu sein. Doch der Nieselregen sorgte dafür, nicht alles zu verklären.
»Mach dir nichts vor, Matsch und Staub gehören dazu, auch wenn es im Moment nicht so aussieht«, sagte Nicole, vielleicht um mir klarzumachen, dass Arbeit auf mich zukommen würde.
»Ich hab gute Gummistiefel und würde mir sogar ein Käppi gegen die Sonne kaufen«, sagte ich, und wir lachten.

Nun stand nur noch an, das Pferd zu kaufen. Svenja hatte mir empfohlen, dass ich den Besitzer, Herrn Hoffmann, vorher anrufen und einen Besichtigungstermin für ein Verkaufspferd ausmachen sollte, weil er oft nicht da war. Die Telefonnummer hatte sie mir gleich mitgegeben. Also rief ich an. Hoffmann war am Telefon kurz, aber freundlich gewesen, und wir hatten uns gleich für den nächsten Tag am frühen Abend verabredet.
Ich fragte Gregor, ob er vielleicht mitkommen und mir helfen wolle, doch er sagte, er habe selbst einen Termin, und ich würde das schon allein schaffen. Nicole wollte ich nicht fragen, sie würde eh noch viel für mich tun. Also fuhr ich allein los.

Der Stall lag an einer Ortsausfahrt und war damit weniger idyllisch als vielmehr das, was man »verkehrsgünstig« nennt. Das große Stallgebäude hatte einen frischen Anstrich und ein neues Dach. Aus einigen Boxenfenstern schauten Pferde zu mir und als ich langsam den Weg zum Parkplatz hochfuhr, ritten mir drei Mädchen auf unterschiedlich großen Pferden entgegen. Auf dem großen Reitplatz links fand gerade eine Reitstunde statt, weiter hinten sah ich zwei Reiter mit ihren Pferden beim Springtraining. Ich zitterte am ganzen Körper und war furchtbar nervös.

In meiner Vorstellung war der Stall klein und dunkel gewesen, und es hatte beißend nach Urin gerochen. Der fiese Stallbesitzer war dem Alkohol verfallen und kurz vor dem Ruin. Ich wäre als Retterin der alten Stute aufgetreten, und er hätte mir das Pferd mit Freude gegeben. Was ich stattdessen vorfand, war kein verkommener Pferdestall, sondern ein modernes Reitsportcenter mit Halle, Außenplätzen, einer Führanlage und allem Drum und Dran. Während ich mein Auto parkte, wurde mir klar, dass dieser Hoffmann sicher auch nicht dem entsprechen würde, was ich erwartete, sodass alles verpuffte, was ich mir an Worten und Auftreten zurechtgelegt hatte.

Ich atmete einmal tief durch, stieg aus meinem Auto und fragte eine junge Frau, wo ich den Reitstallbesitzer finden würde, da ich einen Termin hätte.

Da Hoffman noch zu tun hatte, wurde ich schon mal in den kleinen Stalltrakt geschickt, der hinter den neuen Gebäuden für die Einsteller lag. Dort lebten die Schulpferde und auch Bella. In diesem Stall war alles etwas älter, niedriger und dunkler. Wie auch im großen Trakt waren die Boxen vergittert, und nur einige hatten überhaupt ein Fenster oder gar eine Tür, durch die die Pferde gehen und sich auf einen winzigen Auslauf stellen konnten, der nicht viel größer war als die Box selbst. Ich sah, dass die Pferde hier auf deutlich weniger Stroh in ihren Boxen standen, aber wenigstens war es sauber. An jeder Box hing ein Namensschild aus Holz mit aufgeklebten Buchstaben. Karl schaute mich durch sein Gitter an, Orion legte die Ohren an, während Susi und Janosch mit ihren Köpfen stumpf in der Ecke stehen blieben und die Wand anstarrten, ohne von mir Kenntnis zu nehmen oder Interesse zu zeigen. Auch wenn das alles besser war, als ich befürchtet hatte, war es nicht gut.
Bellas Box befand sich ganz am Ende der Stallgasse. Sie hatte eine der Türen, durch die sie hinausgehen konnte, um ein bisschen frische Luft zu schnappen, was sie offenbar auch gerade tat, denn die Box war leer. Durch die Öffnung konnte ich ein weißes Pferdehinterteil sehen. Aufregung kribbelte durch meine Knie, als wäre ich wieder ein kleines Mädchen und würde zu meiner ersten Reitstunde kommen.

»So, Sie wollen also meine Bella kaufen?«, hörte ich eine laute Männerstimme am Eingang zur Stallgasse rufen. Der große Mann, der mit weiten Schritten auf mich zumarschierte, war deutlich jünger, als ich gedacht hatte, vielleicht Mitte dreißig. Viele Frauen dürften ihn attraktiv finden, obwohl er mir zu glatt war. Ich mag keine Schönlinge mit Grübchen am Kinn. Dann stand Rainer Hoffmann breitbeinig vor mir, die Hände in die Hüfte gestützt, sodass er noch mehr Raum einnahm, als er es eh schon durch seine Größe tat. Sein überheblicher Blick ließ mich spüren, was er von mir dachte. Er hatte mich sofort als Laien durchschaut und wusste, dass er es mit mir leicht haben würde. Selten hatte ich jemanden auf Anhieb so wenig gemocht wie ihn.

Ich nickte.

»Nun ja, Bella bringt mir gutes Geld ein«, sagte er, natürlich um den Preis hochzutreiben. Er öffnete die Boxentür, und wir gingen hinein. Bella drehte sich um, um zu schauen, wer da kam, das gefiel mir.

»Ach, soweit ich weiß, ist sie nicht mehr die Jüngste und nicht mehr voll einsatzfähig«, antwortete ich mit einem honigsüßen Lächeln und fuhr mir mädchenhaft durch die Haare. Auch ich konnte spielen, wenn es darauf ankam.

Damit hatte er nicht gerechnet, das sah ich.

»Und wozu wollen Sie dann so ein Pferd?«, fragte er mich und schloss seine Augen zu kleinen Schlitzen, während

sein Mund ganz schief wurde bei dem Versuch zu lächeln.
»Spielt das eine Rolle?«, fragte ich mutiger zurück, als ich mich fühlte, und vollbrachte einen Augenaufschlag, der jede Diva neidisch gemacht hätte. Ich hatte nicht vor, mich zu rechtfertigen.
Er lachte kurz und nannte eine viel zu hohe Summe.
Auf jeden Fall handeln, hatte mir Nicole eingeschärft, und von ihr wusste ich auch, dass man normalerweise eine Ankaufsuntersuchung macht, aber das hatte ich nicht vor. Ich wollte Bella, egal, was sie mitbrachte.
»Ist das inklusive einer Ankaufsuntersuchung?«, fragte ich.
»Was wollen Sie da untersuchen, die ist kerngesund«, sagte er lauter als nötig.
»Bis auf die Arthrose, richtig?«, fragte ich und lächelte wieder.
Am Ende drückte ich den Preis um 400 Euro und unterschrieb den Vertrag. Es fühlte sich auf eine ungute Weise merkwürdig an, einfach so ein Lebewesen kaufen zu können, und ich schämte mich fast, auch noch gehandelt zu haben, und doch hätte ich kichern können vor Freude.

Als ich nach Hause fuhr, war ich vollkommen euphorisch über meine Rettungsaktion. Ich war aufgeregt und voller Energie. Endlich tat ich etwas Sinnvolles und Aufregendes und endlich etwas für mich. So hatte ich mich ewig nicht gefühlt. Und das wollte ich zu gerne mit Gregor teilen.

Ich schloss die Haustür auf und rief laut: »Ich hab es getan, ich hab sie wirklich gekauft!« Doch es kam keine Antwort. Richtig, es war abgeschlossen gewesen. Dann war Gregor also gar nicht da. Ach ja, hatte er nicht etwas von einem Termin gesagt? Trotzdem war ich ein bisschen enttäuscht. Ich hatte gehofft, mit ihm feiern zu können, denn ich freute mich sehr und war so stolz auf mich.

Gregor kam an diesem Abend ungewöhnlich spät nach Hause. So spät, dass ich mir schon Sorgen gemacht hatte, denn das kannte ich nicht von ihm. Wir informierten einander immer darüber, wo wir waren und wann wir zurückkämen.

Außerdem hatte er etwas getrunken, was ebenfalls ungewöhnlich war. Allenfalls auf Feiern trank er mal ein Glas Wein, aber er schien mir tatsächlich betrunken zu sein, und das gefiel mir gar nicht. Er fragte auch nicht, wie es gelaufen war, als hätte er die ganze Sache schon wieder vergessen. Und tatsächlich hatte er das wohl auch.

»Willst du denn gar nicht wissen, wie es mit dem Pferd ausgegangen ist?«, fragte ich ihn, als er seine Jacke und die Schuhe ausgezogen hatte.

»Du wirst es mir sicher sagen«, sagte er und schaute mich gar nicht an.

»Was ist denn nur los mit dir?«

»Nichts.«

»Natürlich ist etwas los. So bist du doch sonst nicht zu mir.«
»Es geht nicht immer nur um dich, Doro«, sagte er leise.
Ich öffnete den Mund, wusste aber nicht, was ich sagen sollte, weil ich nicht verstand, was da gerade geschah. Also schloss ich ihn wieder.
Gregor ging an mir vorbei ins Wohnzimmer und ließ sich aufs Sofa fallen. Ich verstand die Welt nicht mehr.
»Wieso um mich? Es geht doch um uns, denn hier ist etwas nicht in Ordnung«, rief ich und lief ihm nach. »Rede mit mir. Wenn du nicht willst, dass ich Bella kaufe, dann sag es doch einfach.«
Auch jetzt sah mich Gregor nicht an, sondern schaute auf seine Hände in seinem Schoß.
»Es ist mir vollkommen egal, was du kaufst, Doro.«
Wieder wusste ich nicht, was ich sagen sollte, denn das war alles so anders als sonst. Noch nie war Gregor so kalt gewesen, und das machte mich hilflos.
»Aber wir müssen das doch zusammen entscheiden«, sagte ich nach einer Weile.
»Klar, so willst du das. Was *ich* will, ist egal.«
»Das stimmt doch nicht, ich will ja gerade von dir wissen, was du willst. Aber du redest ja nicht mit mir.«
»Du willst nicht mit mir reden, du willst eine Bestätigung von mir. Das ist ein großer Unterschied. Alles, was du willst, ist, dass wir uns einig sind, dass alles gut ist. Aber, Doro, es ist nicht gut. Schon lange nicht mehr.«

Was um Himmels willen geschah hier? Mir machte das alles schrecklich Angst. Das waren doch nicht wir.
»Pass auf, ich blase die Sache ab. Gleich morgen rufe ich im Stall und bei Nicole an und sage, dass ich das Pferd nicht kaufe. Es war eine blöde Idee. Wir vergessen die Sache. Ich weiß auch nicht, was mich da geritten hat ... Im wortwörtlichen Sinn«, versuchte ich zu scherzen und lachte etwas zu schrill.
»Ich geh schlafen«, sagte Gregor, stand auf und ging ins Bad.
Am liebsten wäre ich hinterhergerannt, um ihn anzubrüllen. Ich fand das alles so ungeheuerlich und ich war so wütend, wie ich es von mir nicht kannte. Emotionsausbrüche waren so gar nicht meine Art, die hatte ich mir als junge Frau abgewöhnt, da sie alles nur kompliziert machten. Doch jetzt stand ich da, zitterte am ganzen Leib, und es fehlte nicht viel und ich hätte gegen das Sofa getreten. Was fiel dem Mann ein, mich so zu behandeln? Wir waren doch vernünftige, erwachsene Leute, und man konnte über alles reden.
Ich atmete einige Male tief durch und versuchte, mich zu beruhigen. Dann rief ich Nicole an.

»Ich hab schon so auf deinen Anruf gewartet – wie ist es gelaufen?«, fragte sie ohne Begrüßung.

»Ich hab's getan, ich habe Bella gekauft«, sagte ich.
»Herzlichen Glückwunsch!«, rief Nicole. »Und bist du happy?«
»Ganz ehrlich, ich weiß gerade gar nichts mehr. Ich bin vollkommen durcheinander. Ich war vorhin so glücklich wie ewig nicht mehr. Dann habe ich mich gerade furchtbar mit Gregor gestritten und weiß nicht mal warum.«
»Ich glaube, du solltest erstmal schlafen. Morgen siehst du sicher vieles klarer. Komm vorbei, wenn du magst, dann reden wir, okay?«
»Ja, du hast recht. Erstmal schlafen und dann sehen wir weiter. Ich melde mich ... Und: Danke!«
»Dafür nicht – und träum was Schönes von deiner Bella.«
Als ich das Handy ausschaltete, war ich wieder am Lächeln. Das würde schon alles gut werden. Vielleicht hatte Gregor wieder mal Stress mit seinem Vater gehabt. Morgen würde es ihm sicher leidtun, und dann würden wir alles in Ruhe besprechen.
Als ich mich ins Bett legte, schnarchte Gregor leise. Ich dachte daran, dass mir nun ein Pferd gehörte, und war in diesem Moment trotz allem selig.

Ich wachte am nächsten Tag ohne Wecker auf, da ich an diesem Samstag keinen Dienst hatte. Das Bett neben mir war leer, und ein Blick auf die Uhr zeigte mir, dass es schon nach neun Uhr war, obwohl ich sonst nie länger als acht

schlief. Im Moment ist alles ein bisschen anders, dachte ich und musste schon wieder grinsen.
Das Grinsen verging mir allerdings, als ich frisch geduscht herunterkam und Gregor am Esstisch sitzen sah. So, wie er über seine Kaffeetasse gebeugt am Tisch hing, war mir schnell klar, dass sich das von gestern nicht über Nacht in Wohlgefallen aufgelöst hatte. Er blickte nicht einmal auf.
»Guten Morgen«, sagte ich so unverfänglich, wie es mir möglich war, um nichts zu provozieren. Und da ich keine Antwort bekam, fragte ich noch einmal: »Magst du mir bitte sagen, was los ist?«
Es kam mir wie eine Ewigkeit vor, bis er endlich den Kopf hob und aufstand. Er stützte sich schwer mit den Händen auf den Tisch auf und schaute mich an.
»Doro, ich möchte endlich leben.«
»Endlich leben?«, wiederholte ich etwas dümmlich, weil ich beim besten Willen nicht wusste, was er mir damit sagen wollte.
»Ja, endlich leben«, sagte er traurig. »Vielleicht verstehst du es später. Ich trenne mich von dir.«

# Eine mutige Entscheidung

»Was ist das Mutigste, das du je gemacht hast?« Diese Frage stellte mir vor etlichen Jahren Lilli, die Tochter einer Nachbarin. Sie war damals sieben Jahre alt gewesen und hatte mich erwartungsvoll angeschaut.

»Puh!«, sagte ich, um Zeit zu gewinnen. »Das ist aber eine schwierige Frage. Da muss ich tatsächlich erst einmal überlegen.«

Lilli war nicht gewillt, mich ohne Antwort entkommen zu lassen.

»Also«, sagte ich, »ich glaube, das Mutigste, was ich je gemacht habe, war ein Sprung vom Dreier. Ich hatte nämlich schon immer furchtbare Höhenangst und wollte da oben am liebsten wieder umdrehen.«

»Und warum bist du dann doch gesprungen?«

»Weil hinter mir andere Kinder waren und ich mich nicht traute, wieder herunterzuklettern.«

»Dann bist du aber eigentlich aus Angst gesprungen und nicht, weil du mutig warst«, sagte Lilli, zuckte mit den Achseln und lief zu ihrer Mutter zurück.

Ich fühle noch heute den Schreck, den mir Lillis Worte einjagten. Mich wühlte ihre Bemerkung so auf, dass ich den kleinen Austausch schnell wieder verdrängte. Wie deutlich sehe ich heute, dass Lilli damals aussprach, was ich mir

nicht eingestehen konnte, nämlich dass meine Angst so vieles in meinem Leben bestimmt hatte, ohne dass ich mir darüber bewusst gewesen war. Angst wovor? Heute würde ich wohl sagen, vor allem davor, ich selbst zu sein.
Meine Antwort auf Lillis Frage wäre jetzt diese: Das Mutigste, was ich je getan habe, war Bella zu übernehmen. Und das nicht nur, weil ich kaum etwas über Pferde wusste oder weil die Verantwortung für ein Lebewesen zu übernehmen immer eine große Portion Mut braucht. Nein, mutig war das, weil Veränderungen in dieser Entscheidung steckten und weil ich Veränderungen immer gefürchtet und vermieden hatte. Es war, ohne dass ich es wusste, eine mutige Entscheidung gegen die Angst gewesen, die mein ganzes Leben bestimmt hatte. Es war ein Sprung ins kalte Wasser, bevor der Damm brach, sodass ich bereits am Schwimmen war, als es losging.
Wer weiß, vielleicht hatte ich mir ja sogar unbewusst Veränderungen gewünscht? Oder vielleicht hatte auch einfach das Leben Mitleid mit mir gehabt und warf mir Bella als Rettungsring zu. Denn obwohl ich ja dachte, dass ich das Pferd rette, war es eigentlich genau andersherum.

Mit der Trennung von Gregor verlor ich die Grundlage, auf der ich mein gesamtes zukünftiges Leben gebaut hatte. Wir hatten uns das Versprechen gegeben, gemeinsam durchs Leben zu gehen und zusammen alt zu werden. Das hatte ich als Garantie dafür gesehen, nie allein und auf eine umfassende, vertraute Art abgesichert zu sein, denn wir würden immer füreinander sorgen. Nun brach all das weg ...

Während ich mich setzte, weil meine Beine so zittrig wurden, dass ich fürchtete, einfach wegzusacken, schien Gregor wie befreit und begann zu reden.

Offenbar war die Trennung von mir schon länger geplant. Nicht nur hatte er die Kündigung seiner Stellung in dem Unternehmen seines Vaters vorbereitet, sondern er hatte sich bereits darum gekümmert, etwas Neues zu finden, und zwar im Ausland. Nicht in Europa, sondern in Costa Rica. Dort würde er bei einem umfangreichen Umweltprojekt mitarbeiten, zunächst für zwei Jahre.

»Aber du sprichst doch gar kein Spanisch«, war alles, was mir einfiel.

»Ich starte mit einem vierwöchigen Intensivkurs vor Ort, und fürs Erste wird mein Englisch reichen müssen.«

Je länger er redete, je mehr er mir erzählte, desto weniger konnte ich das, was ich hörte, dem Mann zuordnen, mit dem ich so lange gelebt hatte.

»Wer bist du?«, fragte ich leise, als er endlich schwieg.

»Das, Doro, finde ich gerade heraus.«

Die nächsten Tage rasten an mir vorbei. Ich versuchte mit allem, was mir einfiel, Gregor zur Vernunft zu bringen und

unsere Ehe zu retten. Ich bettelte und flehte, ich jammerte und schrie, ich versuchte es mit Verständnis und Großmut. Ich beschimpfte und beleidigte ihn, und ich erniedrigte mich mit Angeboten, von denen er keines annahm. Bei all dem war ich wie jemand, dem der Zug vor der Nase weggefahren war – ich wollte es nicht wahrhaben und glaubte, noch irgendetwas daran ändern zu können.
Gregor packte zwei Koffer und zog in eine Pension.
»Es ist besser so«, sagte er.
»Für wen?«, brüllte ich ihm hinterher.

Ichkommedamitklar, ichkommedamitklar, sagte ich mir unzählige Male wie ein Mantra und machte einfach so weiter wie immer, obwohl nichts mehr wie immer war. Auf eine seltsame Art stand ich neben mir und schaute zu, wie ich morgens aufstand, zur Arbeit fuhr, abends zurückkam und mir dann alle möglichen Sendungen und Filme anschaute, ohne dass ich etwas mitbekam. Ich sah, wie ich dann irgendwann das Licht ausmachte, ins Bett ging und mich durch unruhige Nächte kämpfte, die keine Erholung brachten, sondern nur eine Flucht waren.

Parallel dazu organisierte ich das Abholen von Bella. Als ich Nicole von der Trennung erzählte, fragte sie mich, ob ich mir immer noch sicher war, Bella zu übernehmen.

»Das ist im Moment das Einzige, worüber ich mir sicher bin«, sagte ich, und auf eine seltsame Art stimmte das. So viel Bekanntes und Vertrautes war weggebrochen, dass ich mich an den kleinen Zipfel Neues klammerte wie an eine Planke im offenen Meer.

Nicole übernahm dann so ziemlich alles. Ich war nur als Schatten dabei, als wir mit ihrem Pferdehänger zu Hoffmann fuhren. Sie ließ sich von Hoffmann Bellas Halfter geben und führte die Stute mit einer bewundernswerten Ruhe in den Anhänger. In Nicoles Stall bekam Bella ein abgestecktes Plätzchen, um erst einmal in Ruhe anzukommen.

»Ich weiß nicht, wie ich dir danken soll«, sagte ich, als wir am Zaun standen und Bella zuschauten, wie sie sich erst umblickte und dann zu fressen begann.

»Alles gut«, sagte Nicole und drückte meine Hand.

Ich kehrte an diesem Nachmittag wieder in mein leeres Haus zurück und begriff, dass genau das jetzt mein Leben war: ein leeres Haus. Ich verschloss die Tür, schaltete die Klingel und das Telefon ab, zog die Vorhänge zu, nahm mir eine Weinflasche und machte laut Musik an. Ich ließ nach und nach die Erkenntnis zu, dass meine gewohnte Strategie einfach alles auszublenden, was ich nicht sehen wollte, nicht mehr funktionierte. Und ich hatte nicht die geringste Ahnung, wie es weitergehen sollte.

Am nächsten Morgen meldete ich mich in der Apotheke krank. Ich wollte nichts und niemanden sehen. Dann fiel mir Bella ein, und ich dachte, dass ich wohl zu ihr fahren sollte. Aber ich konnte es nicht. Aus schlechtem Gewissen wollte ich Nicole erst etwas von einer Magen-Darm-Geschichte erzählen, aber war dann doch ehrlich.
»Ich weiß, ich sollte endlich mal zu Bella kommen, aber ich hab im Moment einfach keine Kraft«, schrieb ich ihr per Handy, »es tut mir leid.«
»Ist okay, mach dir keine Sorgen, ihr geht es gut«, kam die Antwort, für die ich sehr dankbar war.
In den nächsten Tagen dämmerte ich entweder vor mich hin oder wanderte unruhig im Haus oder Garten herum wie ein Tiger im Käfig. Ich ging nicht einkaufen, da ich eh kaum etwas aß, und ich zog mich gar nicht erst richtig an, sondern blieb einfach in meinen Schlafklamotten, weil ich eh nicht raus wollte.
Ich weiß nicht, ob oder wann ich alleine aus dem Sumpf gekommen wäre, in dem ich in diesen Tagen versank. Ich fühlte nichts, und nichts interessierte mich. Ich aß kaum, schlief viel und wartete darauf, dass sich irgendwie alles durch ein Wunder von allein regeln würde.
Ein paar Tage später schrieb mir Nicole, dass sie in einer halben Stunde bei mir sei, um mich abzuholen. Sie würde Bella heute mit den anderen Pferden zusammenstellen, und da müsse ich dabei sein.

»Tut mir leid, aber ich kann nicht«, schrieb ich, doch sah dann, dass sie diese Nachricht nicht las. Sie war bereits auf dem Weg und klingelte dreißig Minuten später so lange an der Haustür, bis ich öffnete.
»Jeans, Jacke und Schuhe an und los!«, sagte sie. Und ich gehorchte.
Als ich dann auf dem Beifahrersitz saß und aus dem Fenster schaute, staunte ich, dass dort alles wie immer war: Es gab Häuser und Bäume, die Sonne schien und Menschen liefen auf den Straßen. Es gab es noch, das ganz normale Leben und das war gut so.
Ich schaute zu Nicole, die leise bei dem Lied mitsummte, das im Radio lief. Sie hatte ihre Haare zum Pferdeschwanz gebunden, ihre Wangen waren leicht gerötet, und ich fand sie wunderschön. »Danke«, sagte ich.
Sie drehte sich kurz zu mir und lächelte: »Dafür nicht.«
Ich schaute nach vorn auf die Fahrbahn. Wir waren auf dem Weg zu meinem Pferd, und so neu dieser Gedanke war, so gut und richtig fühlte er sich an.
Nicole hatte bereits alles vorbereitet und übernahm die Zusammenführung der Pferde, ich brauchte nichts zu tun und konnte einfach zusehen. Neue Pferde werden von einer bestehenden Gruppe nicht immer sofort aufgenommen. Nicole hatte mir erklärt, dass man den Pferden einfach ein bisschen Zeit geben muss und vor allem genug Platz, damit sie sich notfalls aus dem Weg gehen können.

Bella stand bereits seit einigen Tagen mit einem jungen Wallach zusammen, der zu allen Pferden freundlich war.
»Der Linus übernimmt immer die Neuen, das kennt er schon«, sagte Nicole.
Dann ließ sie erst Bella und ihren neuen Freund auf ein größeres Stück Weide und kurz danach auch die anderen Pferde.
Wow, war dieses wundervolle weiße Pferd dort wirklich meins? Bella schwebte neben Linus über den Boden, als hätte sie Flügel. Ich hätte juchzen können, so leicht und elegant sah sie aus.
Dann rannten die anderen Pferde zu den beiden. Eines nahm Kontakt zu Bella auf. Sie gab ein hohes Quietschen von sich, drehte sich um und schlug nach hinten aus.
»Oje!«, rief ich.
»Keine Sorge, das ist alles ganz normal. Schau, nun laufen sie schon alle zusammen.«
Und wie sie liefen! Die ganze Truppe raste bis weit nach hinten und kam im selben Tempo wieder zurück. Einige sprangen und buckelten dabei, und Bella war mittendrin. Den Schweif hatte sie aufgestellt, den Kopf trug sie hoch, und ihre Beine flogen mit einer Leichtigkeit, als würde sie nichts wiegen.
»Wie wunderschön sie sind«, flüsterte ich und musste lachen vor Freude, am liebsten wäre ich einfach mit den Pferden zusammen gerannt. In diesem Moment war alles

richtig, wie es war – das Chaos in meinem Leben, dieses Pferd gekauft zu haben und das hier erleben zu dürfen.
»Das sieht doch alles gut aus«, sagte Nicole. »Bleib ruhig noch ein bisschen hier, ich mach mich mal ans Abäppeln.«
So schaute ich noch ein Weilchen zu. Nach und nach wurden die Pferde ruhiger. Bella graste zusammen mit Linus etwas abseits der anderen, und ich konnte genau sehen, wie behutsam sich immer mal wieder eines der anderen Pferde näherte, um Bella genauer zu begutachten. Bei dem einen ging sie von sich aus ein Stück weg, bei einem anderen blieb sie stehen, und mit zweien gab es einen direkten Kontakt. Ohne genau zu wissen, was die Pferde da machten, schien es mir, als gäbe es bestimmte Regeln, nach denen sie sich einander näherten oder auf Abstand blieben. Jedes verhielt sich dabei ein bisschen anders, und doch schien Bella bereits ein Teil der Gemeinschaft zu sein. Wie wenig ich doch über Pferde wusste und wie sehr ich mich darauf freute, mehr über sie zu erfahren!
»Sie machen das großartig«, sagte Nicole, die wieder zum Zaun gekommen war. »Glaub mir, das läuft nicht immer so friedlich ab. Aber in dieser Truppe passen alle gut zusammen. Ich glaube, Bella gehört sehr bald richtig dazu. Möchtest du noch zu ihr reingehen?«
»Ich glaube, sie hat heute schon genug erlebt und ich auch. Danke, dass du mich hergeholt hast. Ich komme morgen, und dann stelle ich mich meinem Pferd offiziell vor.«

»Versprochen?«, fragte Nicole.

»Versprochen.«

Als mich Nicole dann nach Hause fuhr, hielt sie noch, ohne dass ich sie darum bitten musste, bei einem Supermarkt an. Gemeinsam kauften wir ein, und als ich die Sachen auf das Förderband legte, fühlte es sich in diesem Moment tröstlich danach an, dass es tatsächlich irgendwie alles weitergehen würde.

Wieder daheim sortierte ich die Lebensmittel ein, öffnete die Fenster, um frische Luft hereinzulassen, und griff zum Staubsauger. Als ich mit dem Putzen fertig war, stellte ich mich unter die Dusche. Dann landete die schmutzige Wäsche in der Maschine. Ich ging früh ins Bett und schlief traumlos durch.

Am nächsten Tag würde ich wieder zu ihr fahren, war mein letzter Gedanken vor dem Einschlafen. Und damit begann mein wundersames Jahr mit Bella.

# Teil 2

… in dem es um viele Gefühle geht,
darum, sich selbst zu finden,
und um die Kunst,
leichter zu werden.

## Es darf sein

Hey, du hast jetzt ein Pferd! Mit diesem Gedanken war ich aufgewacht und er hatte mir die Kraft gegeben, mich anzuziehen, um zu Bella zu fahren, so, wie ich es Nicole versprochen hatte. Und da war sogar wieder etwas von dem aufgeregten Kribbeln in meinen Knien, das ich von früher kannte, wenn ich eine Reitstunde hatte.

Ich frühstückte einen Toast mit Käse, zwar ohne Appetit, aber immerhin aß ich etwas. Dann packte ich ein paar Möhren ein und setzte mich ins Auto. Auf dem Weg zu Bella machte ich noch einen kleinen Umweg zu einem Reitsportladen. Er hatte ganz schmale Gänge, die bis hoch zur Decke mit Pferdekram vollgestopft waren, und es roch darin exakt so wie schon damals in meiner Kindheit, nach Leder und irgendwie erdig. Dort kaufte ich ein schönes Set an Putzzeug sowie ein weinrotes Halfter mit einem gleichfarbigen Strick. Bellas altes Halfter war schon schäbig, und diese Farbe würde einfach toll an ihr aussehen. Wie gut es tat, sich mal wieder mit etwas Leichtem zu beschäftigen!

Dann fuhr ich zum Stall. Die Sonne schien, am Himmel waren nur ein paar Schönwetterwolken und die Temperatur war ideal. Ich freute mich darauf, Bella von der Weide zu holen, sie ausgiebig zu putzen und einen Spaziergang mit ihr zu machen.

Doch es kam etwas anders als gedacht.

Als ich am Weidetor ankam, sah ich, dass die Pferde auf der gesamten Fläche verteilt waren. Es gab zwei kleine Grüppchen und einige vereinzelt stehende Pferde. Bella graste recht weit vorne.

»Bella!«, rief ich fröhlich und pfiff. Sie schaute kurz auf, graste dann aber weiter. Klar, sie wusste ja noch gar nicht, wer ich bin.

Also ging ich durch das Tor und lief mit meinem schönen neuen Halfter in der Hand auf sie zu.

»Bella«, rief ich noch einmal, aber sie schaute nicht mehr auf. Es war, als wäre ich gar nicht da. Ich ging zu ihr und berührte sie aufmunternd am Hals, damit sie den Kopf heben würde und ich sie halftern konnte. Doch sie graste weiter.

»Hey, du, ich bin doch die, die dich vom Hoffmann weggeholt hat«, sagte ich. »Übrigens, ganz liebe Grüße von Svenja, sie ist sehr froh, dass du jetzt hier bist und freut sich schon darauf, dich im nächsten Jahr wiederzusehen. Sie ist jetzt nämlich in Spanien, weißt du, aber sie kommt wieder, versprochen. Tja, und jetzt bin ich also da und weiß im Moment nicht so recht weiter. Ob du vielleicht mal kurz hochschauen könntest?«

Ein bisschen seltsam fand ich es schon, wie ich so mit dem Pferd plapperte, aber mir fiel einfach nichts Besseres ein.

Doch Bella interessierte sich auch nicht für mein Gebrabbel und widmete sich weiter voll und ganz dem Gras.

»Ach, komm schon, grasen kannst du doch den ganzen Tag, lass uns was Schönes zusammen machen, ja?«, bettelte ich nun, worauf sich Bella wegdrehte und ein Stück entfernt von mir weitergraste.

In diesem Moment fehlte nicht viel, und ich hätte mit dem Fuß aufgestampft. Ich hatte mich so darauf gefreut, etwas mit ihr zu machen, und war, ohne dass ich es wollte, richtig enttäuscht darüber, dass sie sich so wenig für mich interessierte.

Himmel, Doro, du kannst doch nicht allen Ernstes erwarten, dass sie dir nun vor Dankbarkeit um den Hals fällt, dachte ich und musste kurz etwas bitter grinsen bei der Vorstellung, von einem Pferd umarmt zu werden – nein, das wollte natürlich nicht mal ich …

Aber ich war tatsächlich traurig. Mir ging es gerade doch wirklich schon schlecht genug, und ich hatte mich aufgerappelt, um zu ihr zu fahren. Und nun stand ich ziemlich dumm da. Ich hatte mir ja nicht einmal was Besonderes ausgemalt, nur einen kleinen Spaziergang. Und immerhin hatte ich sie freigekauft, und damit hatte der ganze Schlamassel begonnen, in dem ich nun steckte, dachte ich, obwohl ich wusste, dass das nicht fair war. Sie sollte mich ja nicht so kitschig wie in Filmen als Retterin erkennen, aber solch eine schnöde Nichtachtung tat schon weh.

»Okay, ich versteh es ja, du kennst mich noch nicht, aber lass uns doch ein kleines Stück zusammen gehen und dabei lernen wir uns kennen. Schau mal, ich hab auch was für dich«, sagte ich und versuchte, mit einem Stück Möhre ihre Aufmerksamkeit zu bekommen. Doch auch darauf kam keine Reaktion.

Nicht mal meine Möhre wollte sie? Ich schluckte hart, um nicht zu heulen, meine Unterlippe begann zu zittern.

Wie albern, mich jetzt auch noch von einem Pferd zurückgewiesen zu fühlen, dachte ich. Andere würden nicht lange fackeln, sondern einfach zu ihr gehen, sie halftern und mitnehmen. Aber so wollte ich das eben nicht. Ich wollte nicht für Bella entscheiden und bestimmen, was sie tun soll. Was ich wollte, war geliebt zu werden.

Während ich das dachte, geschah etwas: Es war, als legte jemand sehr Großes von hinten seine Arme um mich. Ich erschrak und schaute mich um, aber es war niemand da. Die Arme waren stark und umschlossen mich. Ich ballte die Fäuste, mein Körper wurde zu einem Brett und es fiel mir schwer, zu atmen.

»Wer bist du?«, fragte ich und wusste die Antwort bereits – es war der Schmerz.

»Ich will dich nicht fühlen.« Meine Stimme war nur noch ein Flüstern. Doch er hielt mich weiter, und zwar so lange, bis etwas in mir nachgab. Ich ließ mich auf die Knie fallen und begann zu weinen.

Das Weinen hatte ich mir immer verboten, weil es niemand haben wollte. Schon als Kind, aber vor allem als Jugendliche beschäftigte und berührte mich alles viel mehr als andere. Ich konnte über eine zertretene Schnecke oder ein aus dem Nest gefallenes Vogelkind bitter weinen, ich ertrug keine Schießereien in Filmen, ich fand Ungerechtigkeiten jeder Art schrecklich und hing einem traurigen Ereignis lange nach, während andere schon gar nicht mehr wussten, was überhaupt passiert war. Konflikte belasteten mich, selbst wenn ich daran gar nicht beteiligt war. So versuchte ich oft, Streits zu schlichten, und wollte die Probleme anderer lösen. Ständig hörte ich, dass ich mich nicht immer so anstellen und nicht so empfindlich sein sollte. Als ich kleiner war, zog man mich als Heulsuse auf, und später versuchten alle immer wieder, mich mit mehr oder weniger lustigen Bemerkungen aufzuheitern.

Aber auch schöne Dinge bewegten mich deutlich mehr als andere. Mich verzauberte das Glitzern des Sonnenlichts auf dem Wasser, ich konnte stundenlang Hummeln oder Käfer dabei zuschauen, wie sie ihr kleines Insektenleben führten, und ich verlor mich zu gerne in am Himmel ziehenden Wolken oder in Blätterdächern von Bäumen. Ein Blümchen, das sich durch den Asphalt kämpfte, ließ mich glücklich lächeln, und eine bewachsene Mauer war für mich ein magischer Ort zum Entdecken. Es gab so vieles, was ich nicht nur sah, sondern tief in mir fühlen konnte und das mich lachen und auch weinen ließ, eben weil es mich tief berührte. Ich fand das nie schlimm, aber auch damit kamen die Leute nicht klar und reagierten peinlich berührt oder machten Witze über mich.

»Pass bloß auf, dass du nicht endest wie deine Tante Marlies«, sagte meine Mutter jedes Mal, wenn sie mich weinen sah. Was genau mit Marlies passiert war, wusste ich nicht, nur, dass sie immer wieder im Krankenhaus gewesen war und, wenn ich mir die Andeutungen richtig zusammenreimte, sich wohl irgendwann das Leben genommen hatte. Da meine Mutter immer einen ganz harten Zug um den Mund hatte, wenn sie mich so aufforderte, mit dem Heulen aufzuhören, traute ich mich nie nachzufragen, und von sich aus erzählte sie kein Wort über ihre Schwester. Heute wüsste ich gerne mehr über Marlies.

Aus all dem schloss ich, dass ich mit meinen Gefühlen allen zu viel war, und empfand mich als fehlerhaft. Heute denke ich, dass ich mit meinen starken Emotionen und Reaktionen einfach nur an den Gefühlen der anderen rührte und auf diese Weise etwas in ihnen auslöste, das sie selbst verdrängten. Vielleicht hatten sie ja versucht, etwas in mir abzustellen, was sie bei sich nicht haben wollten, wer weiß. Ich wollte jedenfalls weder wie Tante Marlies enden, noch wollte ich anders sein als alle anderen. Ich wollte gut mit allen klarkommen und dazugehören. Deshalb lernte ich, nur noch nach innen zu fühlen, und verbot mir das Weinen.

Als ich nun in der festen Umarmung des Schmerzes auf dieser Pferdeweide saß, auf die mich meine vollkommen verrückte Idee gebracht hatte, ein Pferd zu kaufen, war es, als risse etwas in mir auf, das ich bis zu diesem Zeitpunkt verzweifelt zugehalten hatte. Bisher hatte ich nach der Trennung keine einzige Träne vergossen, das war tabu gewesen. Aber nun tat es so weh, wie mir noch nie etwas wehgetan hatte, und alles, was ich wollte, war laut zu schreien.
Das tat ich nicht – aber ich weinte. Erst liefen nur stumm ein paar Tränen, aber dann wurde es heftiger. Ich weinte, weil dieses dumme Pferd mich nicht leiden konnte, weil mein Mann nach Costa Rica ging und mich in dem Scherbenhaufen unserer Ehe allein sitzen ließ. Ich weinte, weil mir mein Leben immer mehr wie ein Irrtum erschien, weil ich nun sehen konnte, dass eigentlich alles leer und hohl gewesen war. Ich weinte, weil ich keinen Plan hatte, wie es weitergehen sollte, und weil ich nicht mal wusste, wer ich überhaupt war. Ich weinte um mich.
Und keiner sagte mir, dass ich aufhören sollte. Es durfte so sein.

Wie lange ich da saß und weinte, kann ich nicht sagen. Irgendwann ließ mein Schluchzen nach, und die Tränen hörten auf zu laufen. Der Schmerz strich mir sanft über die Haare und zog sich zurück. Ich war erschöpft und fühlte mich auf eine ungewohnte Art leicht und frei.

Dann nahm ich noch etwas neben mir wahr: Eines der Pferde war ganz nah bei mir, wohl um zu schauen, was da auf der Weide saß und rumheulte. Es schnupperte an meiner Schulter und blies mir seinen Atem in den Nacken. Ich hob den Blick und sah, dass auch die anderen Pferde um mich herumstanden, einige näher, andere etwas weiter weg. Und mir genau gegenüber stand Bella.
Mein erster Impuls war aufzuspringen, denn ich fühlte mich vollkommen schutzlos zwischen all den Pferden und ihren Hufen. Was, wenn sie sich erschrecken und losrennen würden?
Aber ich blieb sitzen in diesem Kreis aus runden Augenpaaren und gespitzten Ohren, der mich umschloss. Sie hatten mich in ihre Mitte genommen und gaben mir das Gefühl, nicht allein zu sein. In diesem Moment war ich ein Teil dieser kleinen Gruppe, die für mich da war und mir Trost und Kraft schenkte. Ich atmete dieses so unbekannte Gefühl von Gemeinschaft tief in mich ein und wünschte, ich könnte es dort für immer aufbewahren.
Danke, dachte ich, ich danke euch allen.
Dann kam Bella langsam näher, während die anderen wieder zu grasen begannen oder weggingen. Ich regte mich nicht, lächelte sie nur an. Bella blieb dicht vor mir stehen und senkte den Kopf. Mit ihren Nüstern atmete sie mich regelrecht ein und pustete mir dann sanft ins Gesicht. Ohne darüber nachzudenken, blies ich sanft in ihr rechtes

Nasenloch. Wir atmeten uns gegenseitig ein, was später zu unserem gewohnten Begrüßungsritual wurde, so, wie es Pferde untereinander häufig tun.
»Hallo Bella, es ist schön dich kennenzulernen«, sagte ich leise, während mich ihre Tasthaare kitzelten – und ich wusste, dass meine ach so verrückte Idee eine der besten meines Lebens war.

Dort auf der Wiese löste sich etwas auf, das Jahrzehnte lang zu mir gehört hatte: Nach dem Fundament meiner Ehe, auf dem ich geglaubt hatte, so sicher zu stehen, fiel nun auch die Fassade, hinter der ich mich immer versteckt hatte, um so zu sein, wie ich glaubte sein zu müssen, damit ich angenommen und geliebt werden würde. Auf diese Weise entblößt, zeigte sich ein ganz wichtiger Teil in mir, den ich so lange verbannt hatte: meine Verletzlichkeit.
Ich hatte sie über all die Jahre tief in mir verborgen und doch war sie mir sehr vertraut. Sie nun so deutlich spüren zu können, gab mir das Gefühl, etwas sehr Wichtiges wiedergefunden zu haben, das ich verlegt hatte. Als bekäme ich etwas zurück, ohne dass ich unvollständig gewesen war.
Ich wusste, dass ich nun zusammen mit ihr weitergehen und sie mir dabei helfen würde, die zu sein, die ich wirklich bin.
Und noch etwas wusste ich: Auf diesem Weg würde ich nicht allein sein, denn ich hatte Bella.

Von diesem Tag an zog der Schmerz als Untermieter in mein Häuschen ein. Was hatte ich an Kraft und Energie investiert, um ihn von mir und meinem Leben fernzuhalten! Doch nun, da ich ihn kennengelernt hatte, fürchtete ich mich weniger vor ihm. Ich hatte verstanden, dass es wichtig war, nicht gegen ihn zu kämpfen, sondern ihn anzunehmen, denn er ließ mich fühlen.

Zu Beginn war er oft, aber nicht ständig da. Dann und wann gesellte er sich zu mir, als gehörte er nun einfach zu meinem Leben dazu, und genau das tat er ja auch. Dann widerstand ich dem Impuls, ihn abzuweisen, sondern setzte mich mit ihm auf mein Sofa oder in den Garten auf die Bank unter dem Kirschbaum und ließ ihn zu. Und während ich mich innerlich für das Schlimmste wappnete, stellte ich jedes Mal fest, dass er viel sanfter war, als ich es befürchtet hatte. Nicht kleiner, oh nein, aber milder. Denn zusammen mit ihm tauchte noch jemand auf: das Selbstmitgefühl. So begann ich damit, mich gleichsam selbst in den Arm zu nehmen und für mich da zu sein. Das war neu.

Und die Verletzlichkeit? Sie war nichts, was kam und ging, sondern sie war in mir und damit immer da. Ich begann, sie als Teil von mir zu akzeptieren. Sie war ich, und ich war sie. Das war nicht leicht, und zu Beginn versuchte ich, sie grob wegzuschieben. Aber ich merkte, dass, wenn ich sie zuließ, ich mir selbst immer näherkam. Darüber hinaus hatte sie im Schmerz in gewisser Weise einen Verbündeten, denn er

war immer zur Stelle, wenn ich gegen meine Verletzlichkeit zu kämpfen begann und wieder versuchte, ganz hart zu werden, um sie nicht fühlen zu müssen. Dann war er so groß und mächtig wie auf der Wiese und hielt mich so lange in seiner festen Umarmung, bis ich nachgab und ganz weich und offen wurde.
Nach und nach entwickelte ich eine Art Zuneigung für diesen empfindsamen Teil in mir, den ich so lange gehütet hatte wie ein dunkles Geheimnis. Ich konnte meine Verletzlichkeit zum ersten Mal ohne den Blick von anderen wahrnehmen, und sie erschien mir unfassbar schön. Sie ließ mich alles immer intensiver wahrnehmen. Ich eroberte mir das zurück, was ich als Kind als Fehler empfunden hatte: dass ich die Welt und die Facetten des Lebens nicht nur mit meinen Sinnen wahrnehmen, sondern auch erfühlen konnte. Statt mich weiter nach außen abzuschotten, begann ich, immer offener zu werden. Es war unglaublich, wie bunt und vielschichtig das Leben auf diese Weise wurde. Es war, als hätte ich jahrzehntelang in einer beige-grauen, zweidimensionalen Version meines Lebens existiert und entdeckte nun eine ungeahnt plastische Bandbreite aller Farben, sowohl die hellen als auch die dunklen, die mir immer so viel Angst gemacht hatten.

Am nächsten Tag kam Gregor, um einige Sachen abzuholen. Er hatte vorher eine Nachricht geschickt und gefragt, ob ich am Nachmittag da sei. Ich war mir nicht sicher gewesen, ob ich ihn sehen wollte, und hatte erst überlegt, dann zu Bella zu fahren. Aber der Schmerz stand bereits neben mir, und ich lehnte mich an ihn.

»Ja, okay, komm vorbei«, sagte ich.

Es war seltsam, dass mein eigener Mann an der Tür klingelte, aber ich war ihm dankbar dafür, dass er nicht einfach den Schlüssel genommen hatte. Denn auch wenn wir noch verheiratet waren, gab es nicht mehr das gemeinsame Ja, das diese Art der Vertrautheit rechtfertigte.

Ich öffnete, und es tat unsagbar weh, ihn zu sehen. Selbst nach der kurzen Zeit wirkte er schon verändert und fremd.

»Ach, Doro«, sagte Gregor hilflos, als er meine Tränen sah. »Es tut mir so leid.«

»Muss es nicht«, sagte ich und brachte fast ein Lächeln zustande. Ich wollte es ihm nicht schwerer als nötig machen, denn es stimmte: Ich musste ihm nicht leidtun, es war okay.

Ich ging dann in den Garten, um nicht dabei zusehen zu müssen, welche seiner Sachen er in die Kartons packen würde, die er mitgebracht hatte. Stattdessen saß ich in der Sonne und ließ mich vom Schmerz halten.

»Ich bin fertig.«, hörte ich Gregors leise Stimme nach einer Weile.

Ich winkte kurz und sagte: »Ist gut.«

Dann ging er. Sein Schlüssel lag auf dem Tisch.

***

*»Fühlen heißt leben.*
*Nur wenn ich fühle, bin ich da.*
*Ohne fühlen, keine Bella,*
*ohne fühlen, kein Sein.«*

Bella

# Im Hier und Jetzt

Am nächsten Tag fuhr ich wieder zu Bella, und ich war gespannt, wie sie dieses Mal auf mich reagieren würde. Ich bereitete mich vor, es nicht wieder persönlich zu nehmen, sollte sie sich nicht für mich interessieren. Doch als ich am Weidetor stand und Bella rief, schaute nicht nur sie auf, sondern auch alle anderen Pferde. Und dann passierte etwas Zauberhaftes: Sie kamen gemeinsam ein ganzes Stück zu mir gelaufen, so, als würden sie mich freundlich in ihrem Kreis begrüßen. Ich fühlte mich in diesem Moment auf eine Art und Weise willkommen, wie es mir unter Menschen vielleicht noch nie gegangen ist.

Hier musste ich niemand sein, es gab keine Vorstellungen davon, was ich zu tun und zu lassen hatte, und ich musste mir keine Gedanken darüber machen, was jemand über mich dachte. Hier reichte es aus, zu sein, wer ich war … Selbst wenn das zurzeit eher kläglich als rühmlich war.

Ich hatte in der kurzen Zeit seit der Trennung bereits sichtbar abgenommen, denn ich nahm immer zuerst im Gesicht ab. Mir fehlte jeder Appetit, und ich musste mich regelrecht zum Essen zwingen. Ich war ungeschminkt und trug ein einfaches T-Shirt, eine ausgebeulte Jeans und einen uralten, verwaschenen Parka mit vielen Taschen, den ich im Schrank gefunden hatte. Der gehörte eigentlich Gregor, aber wurde nun zu meiner Stalljacke. Meine Haare hingen schlaff, denn ich hatte meist keine Lust, sie zu waschen. Kurz und gut: Ich machte nicht gerade viel her. Aber genau das musste ich hier auch nicht – und das war ein Geschenk.

Als ich das Tor hinter mir geschlossen hatte und mich wieder umdrehte, stand Bella bereits dicht bei mir. Ich lächelte sie an: »Hallo Bella, da freu ich mich aber, dass du mich begrüßen kommst!«
Sie nahm das Stückchen Möhre, das ich ihr reichte, behutsam von meiner Hand. Während sie kaute, schaute ich sie mir zum ersten Mal richtig an.
Sie war etwas größer und ihr Kopf breiter, als ich es bisher wahrgenommen hatte. Irgendwie war sie mir so zierlich vorgekommen, vielleicht, weil sie sich bei der Zusammenführung so elfenhaft leicht bewegt hatte oder vielleicht auch, weil zu große Pferde mir nicht ganz geheuer waren. Aber zu groß war sie nicht, sondern eigentlich genau richtig.
Ihr sanfter Blick ruhte auf mir und ihre relativ großen Ohren waren auf mich gerichtet. Ihr Schopf und die Mähne waren lang, aber nicht so voll wie bei Ponys, sondern fein und seidig. Ich sah, dass sich in einer Strähne eine Klette verfangen hatte.
»Oh, schau, du hast da eine Klette, soll ich die mal herausmachen?«, fragte ich und tat langsam einen Schritt auf ihre linke Seite zu, wo die Klette in der Mähne hing. Sie

zuckte nicht und wich nicht aus oder zurück. Also ging ich an sie heran und berührte sanft ihren Hals. Ein feines Zittern durchfuhr die Haut an der Stelle, an der meine Fingerspitzen ganz leicht ihr Fell streichelten, aber Bella war entspannt. Ich begann damit, die Haare von der Klette zu lösen.

»So, nun ist das olle Ding weg«, sagte ich dann, und Bella drehte den Kopf zu mir. Langsam führte ich meine Hand zu ihr und strich sanft über ihren Nasenrücken.

Das war alles so anders als damals in der Reitschule. Da waren mir die Zügel eines bereits geputzten und gesattelten Pferdes in die Hand gedrückt worden, als würde man mir ein Fahrrad zuteilen. Meist wusste ich nicht einmal den Namen des Tieres. Ich bekam die Anweisung, das Pferd in die Reitbahn zu führen und mich mit den anderen Reitschülern in der Mitte in einer Reihe aufzustellen. Dann stiegen wir auf Kommando zusammen auf die Pferde, drehten eine Stunde lang unsere Runden, um am Ende das Pferd wieder abzugeben. Ich kam manchmal nicht mal dazu, dem Pferd als Dank ein Leckerli zu geben.

Hier war es nun, als würde ich zum ersten Mal einem Pferd wirklich begegnen. Bella war von sich aus zu mir gekommen, und sie blieb bei mir, ohne dass ich sie an einem Strick hielt. Niemand sagte mir, was zu tun sei, und ich hatte keine Erwartungen oder Pläne. Es ging nicht darum, etwas zu machen, es ging darum, miteinander hier zu sein und sich zu begegnen.

Ich führte meine Hand wieder an ihren Hals und strich sanft an ihm entlang. Bella blieb ruhig stehen, ihr linkes Ohr leicht zu mir gedreht.

Vollkommen intuitiv begann ich mit meinen flachen Händen sanft ihren Körper abzustreichen. Ich tat das ohne Ziel oder Absicht, sondern einfach, weil es sich so wundervoll anfühlte, ihr Fell und ihren warmen Körper zu spüren und diese lebendige Energie in ihr. Und wie gut sie roch, nach Gras, Wind und Pferd. Ich fuhr über die ausgeprägte, etwas knochige Schulter, über ihren Rücken und an den Rippen entlang, die Kruppe herab und die Beine hinunter bis zu den Hufen. Ich nahm Unterschiede in der Festigkeit der Muskulatur wahr und auch, dass es Stellen gab, die sich wärmer anfühlten, während andere kühl waren. Und ich spürte ihre Narben.

Je länger ich das tat, desto mehr fühlte es sich so an, als würden meine Hände durch diese Berührungen nicht nur Bellas Fell und ihren Körper erspüren, sondern auf eine zauberhafte Weise ihre Existenz. War ich je einem anderen Lebewesen so nahegekommen? Ich glaube, dafür hatte es mir immer an Mut gefehlt. Als fürchtete ich, mich in einem so intensiven Einlassen zu verlieren, hatte ich lieber immer etwas Distanz gehalten, ohne zu verstehen, dass ich mir genau dadurch die Möglichkeit nahm, mich selbst zu spüren.

Nun verschwamm das Gefühl dafür immer mehr, wo ich endete und wo Bella anfing. Ich sog, als ob ich durch meine Hände atmen konnte, mit meinem Streicheln Bellas Energie in mich hinein. Meine Hände wurden warm und begannen leicht zu kribbeln. Ich ließ das Gefühl in meine Arme fließen und weiter in meinen ganzen Körper. Wie gut sich das anfühlte, so, als würde sie mich und nicht ich sie streicheln.

Dann wechselte ich die Seite, während Bella den Kopf sinken ließ und entspannt döste. Wie lange ich sie wohl so abstrich? Ich hätte es nicht sagen können. Die Zeit schien hier bei den Pferden nicht das zu sein, was ich kannte. Sie unterteilte das Dasein nicht in Einheiten und gab keinen Rahmen vor, sondern sie war ein stetiger Fluss. Sanft, weich und einladend.

Ich hatte so etwas noch nie erlebt: Ohne jedes Wort, ohne jedes Wollen, ohne jede Richtung in etwas einzutauchen, in dem ich mich selbst intensiver spürte als je zuvor, obwohl ich mich doch eigentlich mit dem Wesen vor mir befasste. Aber diese Unterscheidung schien vollkommen bedeutungslos in diesem Moment, in dem Bella und ich uns begegneten und in dem uns das gemeinsame Sein in diesem Moment an diesem Ort verband.

Was ich da erlebte, sollte ich noch öfter erfahren dürfen, wenn ich mit Bella zusammen war: den Zauber, ganz im

Hier und Jetzt alles Denken loszulassen und nur noch da zu sein. Mit allen Sinnen wahrzunehmen, was ist, und mich hinzugeben, ohne dass Fragen, Gedanken oder Bedenken das Erlebnis störten.
Ich erfuhr, wie es ist, wenn man alle Zeit der Welt hat, weil sich die Vorstellung von Zeit genauso auflöst wie Erwartungen, Absichten oder Zweifel.

Und dann wurde mir klar: Was ich empfand, war Glück.

***

»Man darf nicht ständig woanders sein, denn echtes Glück ist immer jetzt.«

Bella

## Schwester Angst

Während der Schmerz sich von Beginn an als ein höflicher Mitbewohner erwies, mit dem es sich ganz gut leben ließ, machte mir jemand anderes deutlich mehr zu schaffen, und das war die Angst.

Meine Angst war wie eine ältere Schwester: Schon von Beginn an dagewesen, hatte sie auf verschiedenen Ebenen mein Leben entscheidend beeinflusst. Allem voran hatte sie mich zu einer Frau gemacht, die alles dafür getan hatte, das Leben im Griff haben zu wollen. Ich hatte mein Leben aus Angst mit starken Sicherheitsleinen festgezurrt, sodass Bewegung kaum noch möglich war. Auf diese Weise erreichte ich, dass sich auch meine Angst kaum noch bewegen konnte und ich sie nicht empfinden musste. Wenn sie doch mal entwischte, war sie wie ein Reh: Immer auf dem Sprung, immer scheu, immer bereit zu fliehen, konnte ich sie leicht vertreiben, indem ich mir selbst sagte, dass ich alles bestens unter Kontrolle hatte. Doch der Preis dafür war hoch gewesen. Um die Sicherheit zu wahren, verbot ich mir Gefühle, Bedürfnisse und Wünsche und blockte, wenn möglich, jede Veränderung. Je ruhiger ich blieb und je stiller ich hielt, desto kleiner war die Angst. Und genau so wollte ich es, allerdings merkte ich nicht, dass im gleichen Zug mein Leben immer leerer wurde.

Nun aber wurde mir immer klarer, dass das, was ich für Glück und Zufriedenheit gehalten hatte, letztlich oft nur Kompromisse gewesen waren und Zugeständnisse, die ich gemacht hatte, um die Angst in Schach zu halten. Ich hatte mich nie gefragt, wie es mir mit all dem wirklich ging, und auch nicht, wie sich Gregor fühlte und ob wir eigentlich noch glücklich miteinander waren. Die Antworten darauf hätte ich wohl auch gar nicht hören wollen …
Inzwischen konnte ich sehen, dass ich auf diese Weise genau an dem Punkt stehen geblieben war, an dem ich die wesentlichen Weichen gestellt hatte, damit mein Lebenszug schön berechenbar auf seinen Schienen in eine kontrollierbare Zukunft fahren würde. Das hatte zur Folge, dass es in Wahrheit gar kein Vorwärts mehr gegeben hatte, sondern dieser Zug war wie eine Modelleisenbahn immer nur im Kreis gefahren …

Seit der Trennung war nun nichts mehr wie zuvor, und die Angst, befreit von den Fesseln des Sicherheitsnetzes, das ich zuvor um sie gesponnen hatte, wurde groß und mächtig. Sie füllte nicht nur mich, sondern auch den Raum, in dem ich war, mein Haus und manchmal auch alles außerhalb komplett aus. Ja, manchmal war sie so groß, dass es sich anfühlte, als gäbe es nur noch Angst. Dann war ich wie erstarrt, während mein Herz raste und die Angst mir den Atem raubte.

Doch etwas anderes, das ich selbst noch nicht kannte, war ebenfalls groß, und es wuchs: ein Hunger auf das Leben. Als wäre ich aus einem langen Schlaf erwacht, wollte ich nun endlich ins Leben springen und tun, was ich mir nie erlaubt hatte. Jetzt, da eh schon alles, worauf ich gesetzt hatte, zusammengebrochen war, musste es doch viel leichter sein, auch mal Risiken einzugehen, dachte ich. Zu gerne wollte ich losrennen und laut rufen: Leben, hier bin ich! Aber wohin ich dann auch immer rannte, überall prallte ich direkt in die Angst. Sie stand mir in allen Richtungen im Weg – und das auch bei den Pferden.

Obwohl ich von langen Spaziergängen mit Bella träumte und, ja, sogar auch mal an einen Ritt über ein Stoppelfeld dachte, ging ich nach wie vor nur auf die Weide, um Bella zu putzen und zu streicheln und einfach ein bisschen Zeit bei den Pferden zu verbringen. Sie zu halftern und mit ihr rauszugehen, schob ich von Tag zu Tag auf. Ich redete mir ein, dass mich ja nichts drängte, dass ich noch ganz viel Zeit hätte und dass wir uns ja erst einmal kennenlernen mussten. Tatsächlich aber tat ich es nicht, weil mal wieder die Angst in mir übernommen hatte. Viele reden davon, Angst vor etwas zu haben, machen die Sachen dann aber trotzdem. Meine Angst sorgte immer dafür, dass ich es nicht einmal versuchte.

Das Schlimmste war: Meine Angst war nicht einmal gerechtfertigt! Nicole erzählte mir immer wieder, wie brav und unkompliziert Bella war. Die Angst entstand nur in meiner Vorstellung, genau so, wie es wahrscheinlich sehr oft in meinem Leben gewesen war. Und dort in meinem Kopf hatte meine Angst den zentralen Schalthebel in der Hand. Sie genoss die Macht, die sie über mich hatte, und brach in ein Triumphgeheul aus, wann immer sie mir beweisen konnte, wie unsicher doch alles war. Und diese Karte spielte sie natürlich auch aus, wenn es um Bella ging.

Da es noch einmal unerwartet warm wurde, nahm ich bei einem meiner nächsten Besuche eine Decke von zu Hause mit, um mich gemütlich auf die Weide zu den Pferden zu legen und die Sonne zu genießen. Ich trug die Decke unter den Arm geklemmt, als mich die Pferde wie gewohnt begrüßten. Ohne weiter nachzudenken, griff ich die Decke und breitete sie mit Schwung aus – und löste damit Ungeahntes aus.
Die Pferde waren sofort in heller Aufruhr! Sie scheuten und rannten weg, um erst ein ganzes Stück entfernt stehenzubleiben, sich umzudrehen und dann mit hoch erhobenen Köpfen in meine Richtung zu starren. Einige machten scharfe Atemgeräusche wie Drachen und alle waren wirklich aufgebracht.

Was für eine vollkommen dumme Idee, zischte die Angst böse, während mir der Schreck in den Knochen saß. Das hatte ich natürlich nicht gewollt.
»Oje, das tut mir leid!«, rief ich, und die Angst äffte mich in meinem Kopf nach. Natürlich hätte ich wissen müssen, dass Pferde so etwas unheimlich finden können. Mit zitternden Händen legte ich die Decke langsam zusammen.
Während die Pferde sich bereits wieder beruhigten, drehte die Angst in mir auf. Da ich nun erlebt hatte, wie plötzlich und heftig Pferde reagierten, wenn sie sich erschraken, erschien mir die Idee, hier zwischen ihnen zu hocken oder gar auf einer Decke zu liegen, als Irrsinn. Wie konnte ich nur so fahrlässig handeln! Ich wollte in diesem Moment nur eines: runter von der Wiese. Doch meine Beine gehorchten der Anweisung zum Gehen nicht, ich war wie gelähmt.
Ich sah, wie Bella zu mir schaute und dann auf mich zukam – meine Angst schrie regelrecht in meinem Kopf, und ich zwang mich mit aller Kraft dazu, zum Tor zu laufen. Draußen stand ich dann vollkommen hilflos, während mein Herz raste und mein Atem stoßweise ging. Ich schaute noch einmal zu Bella und lief dann viel schneller, als es nötig gewesen wäre, zu meinem Auto.
Wie ich heil nach Hause kam, weiß ich nicht mehr. Komplett durchgeschwitzt blieb ich in der Auffahrt erst einmal im Auto sitzen. Die Angst durchflutete mich und ich war nur noch dieses Gefühl, das mich glauben lassen wollte,

dass ich nie wieder zurück zu den Pferden gehen dürfte. Wieder einmal war meine Angst dabei, mir etwas wegzunehmen, das ich für mich wollte und dringend brauchte. Wieder sollte ich nur einen Zuschauerplatz am Rand einnehmen.

Aber genau das war, was ich nicht mehr wollte!

Mut, dachte ich, ich brauche endlich mehr Mut, um sie zu bekämpfen, diese übermächtige Angst, die mich nicht wirklich leben lassen will. Ich dachte an meine Entscheidung, Bella überhaupt zu übernehmen. Wie hatte ich es eigentlich da geschafft, meine Angst zu bekämpfen? Aber hatte ich denn in dieser Situation überhaupt gegen meine Bedenken oder Befürchtungen gekämpft? Nein, ich hatte die Entscheidung ganz unabhängig von meiner Angst getroffen, quasi trotz ihr.

Vielleicht, so dachte ich, geht es ja gar nicht darum, mit der Angst zu kämpfen. Vielleicht musste ich sie, so wie auch den Schmerz, erst einmal besser kennenlernen und vor allem verstehen?

Die Gelegenheit dazu sollte schneller kommen als gedacht ...

Zwei Tage nach dem Erlebnis mit der Decke sagte mir Nicole, dass Bellas linker Hinterhuf versorgt werden müsse. Dort war ein Stück Huf ausgebrochen, und es sollte ein Serum aufgetragen werden. Am liebsten hätte ich Nicole

darum gebeten, aber sie tat eh schon so viel für mich und konnte sich wahrscheinlich gar nicht vorstellen, dass das ein Problem für mich sein könnte. Ich entschied, dass ich es versuchen würde.
Schon auf der Fahrt zu Bella hatte ich schweißnasse Hände und atmete viel zu flach und zu schnell. Am Tor angekommen, fiel mir auf, wie windig es war. Die großen Bäume rund um die Weide wiegten sich bedrohlich, und graue Wolken jagten über den Himmel. Wind und Pferde waren oft keine gute Kombination, da die Tiere an solchen Tagen meist nervös waren. Nun hatte ich Bella bisher ja nicht einmal gehalftert, und selbst wenn ich es täte, dort auf der Wiese konnte ich sie nirgendwo anbinden. Sie würde also frei stehen, und mir blieb nur zu hoffen, dass sie nicht einfach weggehen oder gar nach mir treten würde, wenn ich ihren Hinterhuf aufnehmen, auskratzen und die Ausbruchstelle behandeln würde.
Die Aufgabe schien mir unlösbar, denn die Angst hinderte mich bereits daran, das Tor zu öffnen. Wieder lähmte sie meine Bewegungen und ließ mich kaum noch atmen. Der Schweiß brach nun aus allen Poren und mein Herz raste.
»So geht es nicht weiter.«, sagte ich erst leise und brüllte es dann mit meiner ganzen Kraft in die Welt: »So geht es nicht weiter, Angst!«
Der Wind hatte meinen Schrei etwas gedämpft, aber die Pferde schaute dennoch zu mir. Ich stellte erstaunt fest,

dass ich ein bisschen freier atmete und mich wieder bewegen konnte. Etwas ruhiger sagte ich dann: »Gut, so ist es schon besser.« Und ich sprach weiter mit meiner Angst: »Es ist okay, dass du da bist, aber heute entscheide ich. Und ich entscheide, dass ich – nein, wir zusammen – die Sache hinbekommen. Ich passe gut auf, aber ich werde tun, was zu tun ist.«

Mit diesen Sätzen konnte ich mich wieder halbwegs bewegen. Ich öffnete das Tor und ging zu Bella.

Sie begrüßte mich und wirkte gar nicht so aufgeregt, wie ich es befürchtet hatte. Auch die anderen Pferde wirkten ruhig. Ich zitterte noch immer und atmete auch zu schnell. Deshalb legte ich meine Hände an Bellas warmen Hals unter ihre Mähne. Sie brummelte freundlich und stand ganz still. Ich schloss die Augen und ließ mich bewusst auf den Kontakt zu diesem großen Pferdekörper ein, wie ich es schon so oft getan hatte. Gleichzeitig konzentrierte ich mich auf mich selbst und nahm wahr, wie ich mit meinen Füßen auf dem Boden stand, aufrecht neben meinem Pferd.

»Schau mal, Angst, Bella ist ganz ruhig. Du musst mich das jetzt machen lassen. Ich kann das, und du wirst mir nun vertrauen«, sagte ich zu meiner Angst, als würde ich mit einem kleinen Kind sprechen, liebevoll, aber auch mit Nachdruck. So mit meiner Angst zu reden, war seltsam, aber es veränderte sich etwas dadurch: Die Angst war nicht mehr

in mir und füllte auch nicht mehr den Raum um mich herum komplett aus. Es fühlte sich vielmehr so an, als stünde sie nun neben mir. Mir wurde in diesem Moment zum ersten Mal klar, dass ich mehr war als meine Angst.
Gut, dachte ich, das ist viel besser.
Ich atmete einige Male ruhig ein und aus, öffnete die Augen und bat dann Bella, ihren Huf zu heben. Sie gab ihn mir, ohne zu zögern, und vermittelte mir ein Gefühl von Sicherheit. Die Angst trat noch etwas zurück und schenkte mir Raum. Ich säuberte den Huf und brachte die Flüssigkeit in den Spalt ein. Sanft führte ich den Huf wieder zum Boden und lobte mein tolles Pferd, als hätte sie eine Heldentat vollbracht. Die wahre Heldin war allerdings ich selbst – weniger durch die Hufbehandlung, sondern weil ich es zum ersten Mal in meinem Leben bewusst geschafft hatte, nicht meine Angst übernehmen zu lassen.
Es war mir gelungen, nicht nur meine Angst, sondern mehr als das wahrzunehmen: einmal Bella, aber vor allem auch mich selbst, und zwar als einen Menschen mit vielen Gefühlen, zu denen eben auch die Angst gehörte. Das Entscheidende war zu erkennen, dass ich nicht die Angst *war*, sondern ich *hatte* Angst. Ich war die Größere von uns beiden, und es lag bei mir, zu entscheiden, der Angst nicht alles zu überlassen, sondern mir etwas zuzutrauen. Ich hatte mir die Chance gegeben, mir selbst zu zeigen, dass ich die Sache schaffen kann. Ich hatte immer gedacht, ich müsste

anders sein, nämlich mutiger, um die Angst besiegen zu können. Aber den Kampf hatte ich jedes Mal verloren. Nun verstand ich, dass Mut nicht heißt, keine Angst mehr zu haben, sondern Mut bedeutet, etwas trotz der Angst zu tun. Und dass mir das gelungen war, ließ mich wachsen.

»Okay«, sagte ich zu der Angst, die noch immer neben mir stand und viel kleiner wirkte als sonst, »ab sofort arbeiten wir nicht mehr gegeneinander, sondern zusammen.« Und es fühlte sich so an, als würde die Angst zufrieden nicken.

***

*»Man kann sich vor vielem erschrecken,
aber man darf nicht vor allem Angst haben.«*

Bella

## Fühl mal das Leben

Dann wurden endlich gemeinsame Unternehmungen und Spaziergänge mit Bella möglich.

Bella zu halftern stellte sich, wie vieles andere auch, als vollkommen problemlos heraus: Sie steckte ihre Nase sogar freiwillig ins Halfter! Beim Führen zitterten mir zu Beginn noch ganz schön die Knie, und so war es mehr sie, die mich führte und mir Sicherheit gab, als umgekehrt. Aber ich entspannte mich immer mehr, und wir begannen damit, Ausflüge zu machen. Noch war der Herbst freundlich genug – es regnete meist nur nachts, während tagsüber die Sonne all die vielen Farben an den Bäumen zum Leuchten brachte.

Die Angst war dabei immer mit von der Partie, und das war okay so. Ich versuchte weder, sie zu ignorieren noch zu vertreiben, sondern sah sie immer mehr als Ratgeberin. Sie durfte mitgehen, und ich achtete auf sie, ja, sie gehörte zu mir.

Bekam ich ein mulmiges Gefühl, prüfte ich, ob Bella vielleicht Nervosität zeigte oder ob es etwas gab, auf das ich achten sollte: vielleicht auf einen freilaufenden Hund, eine flatternde Tüte am Rand oder einen Mountainbiker. Wenn es nichts gab, war die Angst zufrieden, und das mulmige Gefühl ließ nach. Gab es etwas, überlegte ich, wie wir die Sache gut und sicher gestalten könnten. Das gefiel sowohl

der Angst als auch Bella, denn so passten wir all das, was wir taten, daran an, wie wir drei uns fühlten.
Tatsächlich, so dachte ich bei mir, hatte ich meine Angst nie richtig verstanden! Sie hatte mich vielleicht gar nicht an etwas hindern wollen, sondern es war ihr nur wichtig gewesen, wahrgenommen werden, damit sie ihren Job machen konnte: nämlich auf mich aufzupassen.
Wieder durfte ich die Erfahrung machen, dass sich sehr vieles verändert, wenn man beginnt, achtsamer mit sich zu sein ...

Und je besser ich mit meiner Angst umging, desto mutiger konnte ich ganz grundsätzlich ja sagen zu diesem unerträglich unberechenbaren und dabei so wunderbar überraschenden Dasein, das einen manchmal ganz schön schwindelig machen konnte.
Was hatte ich zu Beginn Bella und all die anderen Pferde um ihre vier Beine beneidet! Ich fühlte mich oft so wacklig und unsicher, dass ich davon überzeugt war, ich würde auf vier Füßen viel stabiler sein. Aber mir wurde zusammen mit Bella immer klarer, dass Balance von innen kommt. Es war ein bisschen so, als ob ich mit ihr noch einmal neu laufen lernte, nur diesmal ohne eine Hand, die ich halten konnte, und ohne Angst davor, was alles passieren würde, wenn diese Hand mich nicht mehr stützen würde.

Ich stand, vielleicht zum ersten Mal in meinem Leben, auf meinen eigenen Beinen, und es brauchte immer wieder Mut, sich auch auf ihnen zu bewegen, noch dazu mit einem Pferd neben mir.
Selbst so etwas Einfaches wie Gehen kann manchmal schwerer sein, als es klingt. Doch durch Bella lernte ich, mich zu erden und meine Schritte bewusster zu setzen. Ich lernte, dem Boden und mir selbst immer mehr zu vertrauen und auch meiner eigenen Kraft. So begann ich, an der Seite meiner neuen Gefährtin immer mehr nach vorne zu schauen und vorwärts zu gehen. Ich spürte: Diese Schritte, die ich nun machte, waren meine eigenen auf meinem eigenen Weg.

Mit Bella zusammen unterwegs zu sein, schenkte mir noch mehr, nämlich eine ganz neue Wahrnehmung für das, was mich umgab. Ich stellte fest, dass Pferde mit extrem feinen Sinnen ausgestattet sind und viel mehr wahrnehmen als wir. Das faszinierte mich, und ich wurde auch in Sachen Wahrnehmung dankbar zur Schülerin meiner Stute.
Bella blieb zum Beispiel recht oft stehen und starrte in die Ferne. Statt sie dann weiter anzutreiben, blieb auch ich stehen und folgte ihrem Blick, um sehen zu können, was sie gerade entdeckt hatte.
Meist hatte sich etwas ganz weit dort hinten bewegt, das ihre Aufmerksamkeit anzog und von dem ich erst heraus-

finden musste, was es war. Vielleicht ein Hase, der übers Feld sprang, oder ein Traktor, der winzig klein das Feld vor dem Wald pflügte. Manchmal waren es Rehe, manchmal ein Mensch mit seinem Hund. Und manchmal konnte ich die Ursache nicht erkennen. Aber Bella entging nichts.

Durch sie begann ich auch, bewusst auf all das zu horchen, was gerade zu hören war – auf der freien Fläche oder im Wald. Dann standen wir zusammen, lauschten in alle Richtungen, und tatsächlich hörte ich vieles, das ich zuvor gar nicht wahrgenommen hatte: den Wind als rauschende Welle hoch in den Bäumen, so als würde über uns ein Meer sein. Ein kleines Rascheln am Boden, dessen Verursacher nicht zu sehen war. Manchmal waren es Schritte oder Sprünge auf dem moosigen Boden oder ein zartes Zirpen in einem der vielen Büsche. Da waren all die vielen, verschiedenen Vogelstimmen, die unterschiedliche Art, wie sich der Regen anhörte oder wie trockenes Holz in der Sonne knackte oder Äste knarrten, wenn sie sich aneinander rieben, und vieles, vieles mehr. Ich hatte nicht gewusst, wie gesprächig die Natur ist, bevor ich durch Bella lernte, viel öfter schweigend innezuhalten.

Und es gab eine Welt, in die ich Bella nur bedingt folgen konnte, und das war die Welt aus Gerüchen. Sie kannte sich darin bestens aus, denn Pferdenasen sind so viel feiner als unsere. Ich konnte zwar Pilze riechen und den Waldboden, oft aber musste ich raten, welchen Duft sie wohl gerade aufnahm. Doch auch hier wurde mein Bewusstsein immer wacher und sensibler. So konnte ich nach und nach manche Bäume am Geruch unterscheiden und wusste, dass das Moos im Nebel anders riecht als nach Regen oder wenn es lange sonnig war. Und verschiedene Duftspuren machten mir immer wieder bewusst, dass da, wo wir hinkamen, vor uns andere Tiere unterwegs gewesen waren.

Bella zeigte mir auf ihre Art, wie schön das Leben ist und wie bunt und reich. Durch sie lernte ich wieder, was es heißt, mich wirklich einzulassen auf das, was gerade um mich herum ist, und nicht ständig mit den Gedanken woanders zu sein und wie taub und blind für all die vielen kleinen und großen Wunder des Lebens zu sein.
Und so gewann ich etwas zurück, das ich sträflich vernachlässigt hatte: meine Fähigkeit zur Freude. Da war die Vorfreude auf unsere gemeinsamen Ausflüge, dann der intensive Genuss der zusammen verbrachten Zeit und darüber hinaus eine ganz neue Lust an einem Leben, in dem alles sein durfte – Sinnlichkeit, Träume, Sehnsucht, Entdeckungen, Wagnisse, Abenteuer und all die vielen, vielen Gefühle in mir. Endlich musste ich meine Gefühle nicht mehr in »erlaubt« und »unerwünscht« sortieren, sondern ich durfte sie freilassen. So wurde ich immer neugieriger auf all das, was sich mir da so bunt wie schillernde Pailletten zeigte

und was in allen Spielarten in mir blubberte, hüpfte oder sang.
Ich lebte mehr als je zuvor!

***

*»Glück heißt, sich ganz dem Sein hinzugeben – dann lacht das Leben.«*

Bella

## Allein durch den Winter

Als es auf Weihnachten zuging, wurde es noch einmal schwierig für mich. Je mehr ich mich für das Leben öffnete, desto mehr Gefühle in mir wollten gesehen und gespürt werden. Das ließ mich immer wieder von einem Extrem ins andere fallen. In einem Moment hätte ich die Welt umarmen können, im nächsten versank ich in einem zähen Sumpf aus Traurigkeit und fürchtete, alle Hoffnung zu verlieren. Das verwirrte mich sehr und ich wusste noch nicht, wie ich damit umgehen sollte. Wie auch? Jahrzehntelang hatte ich alles dafür getan, dass ich genau das nicht erleben musste. Ich war eine blutige Anfängerin darin, mich selbst zu fühlen. So kämpfte ich häufig gegen trübe Gedanken, manchmal Verzweiflung und sehr viel Selbstmitleid. Und in den dunkelsten Momenten wünschte ich mir mein altes Leben zurück.

Das war die Zeit, in der ich noch jemanden in mir kennenlernte: Ich machte Bekanntschaft mit der Reue.
Die Reue war eine ausgesprochen unangenehme Gesellschaft, die mit spitzen Fingern auf alles in der Vergangenheit zeigte, was ich hätte anders oder besser machen können oder versäumt hatte. Während ich erfahren hatte, wie heilend es war, meine Gefühle anzunehmen, so war ich mir schnell sicher, dass das bei der Reue nicht gut wäre, und

am liebsten hätte ich sie gleich wieder ausgeladen. Und doch traf sie gerade in dieser Phase einen offenliegenden Nerv in mir.

Es ist bitter zu erkennen, dass man den größten Teil seines Lebens damit verbracht hat, etwas aufzubauen, was dann doch zerbrach, und etwas zu verhindern, was unvermeidbar gewesen war. Es fühlte sich an, als hätte ich mich all die vielen Jahre aus Angst geschont wie das gute Geschirr, das man nicht nutzen wollte, weil es zu schade war, und das dann nur im Schrank stand, wo es sicher verwahrt wurde.

Lag da ein ungenutztes Leben hinter mir? Was für ein schrecklicher Gedanke ...

Da gesellte sich mein neues Selbstmitgefühl zu mir, und es lächelte mir liebevoll zu. Nein, es war nicht alles falsch gewesen. Vieles hatte mich zufrieden gemacht und meine Entscheidungen hatten mich sicher auch vor so manchem geschützt, für das ich vielleicht wirklich nicht stark genug gewesen wäre.

»Ich habe auf die mir damals bestmögliche Art für mich gesorgt«, sagte ich und schaute der Reue direkt in die Augen, weil ich wollte, dass sie verschwindet.

Dieser Weg durch das Leben war *mein* Weg, und mit ihm zu hadern hieß wieder einmal, mit mir selbst zu hadern. Statt zu bereuen und immer wieder alte Wunden aufzukratzen, wollte ich vor allem eines: Frieden schließen mit meinen Entscheidungen und die Verletzungen heilen lassen.

Aber ich wusste auch, dass das Zeit braucht.

Das Wetter ließ inzwischen oft nicht zu, dass Bella und ich viel unterwegs sein konnten. Das fehlte mir. Die Pferde standen auch nicht mehr auf der Weide, sondern waren auf den Ausläufen am Stall. Die waren oft matschig, und da konnte ich mich dann schlecht zu ihnen setzen. Um die Zeit allein daheim zu verkürzen, suchte ich mir deshalb ein Plätzchen auf den Strohballen im Offenstall, trank dort heißen Tee aus einer Thermoskanne und dachte viel nach. In diesem Jahr würde ich Weihnachten allein verbringen, zum ersten Mal seit über zwanzig Jahren. Das machte mir Angst und ließ mich wütend auf Gregor werden und darauf, wie einfach er es sich doch gemacht hatte. Zornig warf ich ihm Egoismus und fehlendes Verantwortungsbewusstsein vor und fühlte mich getäuscht von seinem gebrochenen Eheversprechen. Waren wir es uns nicht schuldig gewesen, nicht so einfach aufzugeben? Hätten wir nicht für unsere Beziehung kämpfen müssen?
Da war sie schon wieder, die Reue!
Ich hielt tapfer dagegen: Wäre ich denn bereit gewesen, wirklich etwas zu ändern? Hätte ich es gekonnt? Mit diesen Gedanken ließ mein Groll auf Gregor nach, und stattdessen legte der Schmerz wieder seinen Arm um mich. Das war gut, denn er war mir sehr viel lieber als die Reue.

Nicole hatte mich zum ersten Feiertag zu sich eingeladen, und das würde ich wohl annehmen, aber Heiligabend würde ich mit mir selbst Weihnachten feiern.
Ich dachte an meine Eltern und fragte mich, wie es wohl gewesen wäre, wenn ich hätte zu ihnen fahren können, wie es ja so viele taten. Nun hatte ich meinen Vater nie kennengelernt, denn er hatte meine Mutter schon in der Schwangerschaft verlassen. Da sie nicht darüber sprechen wollte, habe ich auch nie viel über ihn erfahren. Was er wohl für ein Mensch war? Ich würde es nie herausfinden. Aber damit hatte ich mich schon vor langer Zeit ausgesöhnt. Er war eine anonyme Person, mit der mich nichts verband, aber dem ich auch nichts vorwarf.
An meine Mutter zu denken, fiel mir deutlich schwerer. Tatsächlich nahm ich meinem Vater seine Entscheidung weniger übel, als ich mit dem frühen Tod meiner Mutter haderte. Sie war nach einer kurzen, schweren Krebserkrankung gestorben, als ich knapp zwanzig gewesen war. Sie hatte ihr Sterben zur Privatsache gemacht und mich erst informiert, als es nicht mehr anders ging. So hatte ich kaum Zeit gehabt, mich vorzubereiten oder mich von ihr zu verabschieden.
Wie konnte ich ihr das heute noch vorwerfen? Ich schämte mich, ahnte aber, dass ich mir die Wut, die damit verbunden war, anschauen musste, damit sie heilen konnte.

Das vielleicht Schlimmste war, dass mir so die Möglichkeit genommen wurde, mich auf eine gute Weise von meiner Mutter abzunabeln. Sie war eine sehr starke Frau gewesen und ich hatte sie als kalt und unnahbar erlebt. Gefühle jeder Art sah sie als Schwäche, nicht nur bei mir, sondern grundsätzlich. Ich war also in ihrem Sinne zutiefst falsch, und ich versuchte immer, das gut zu verstecken. Heute weiß ich, wie wichtig es gewesen wäre, wenn ich gelernt hätte, mehr zu mir selbst zu stehen.

Stattdessen bin ich vielleicht nie wirklich erwachsen geworden, sondern blieb tief in mir klein und kindlich und schwach. So souverän ich vielleicht auch gewirkt haben mag, weil ich gut in der Schule gewesen war, meine Berufsentscheidung durchgezogen hatte und viele Entscheidungen traf, die mein Leben gut organisiert erschienen ließen: Ich übernahm wohl nie wirklich Verantwortung für mich. Stattdessen suchte ich mir jemanden, der für mich sorgen würde, und das war Gregor gewesen. Und dass er mich dann einfach so verlassen hatte, rührte natürlich an den alten, ungeklärten Themen mit meiner Mutter.

Wie sehr ich mir wünschte, noch einmal mit ihr reden zu können! Ich wollte ihr zeigen, dass ich dabei war, meine Krise zu meistern, dass ich allein ohne meinen Mann Weihnachten feiern würde und, ja, dass ich ein Pferd hatte! Was hätte sie wohl zu all dem gesagt? Ich wusste es beim besten Willen nicht.

Ich hatte nie das Gefühl gehabt, meine Mutter zu kennen. Es gab kaum Fotos aus ihrer Kindheit, und sie erzählte nur wenig. Sie und ihre Schwester Marlies waren auf dem Land aufgewachsen, in der Nähe von Fulda. Als Kinder hatten sie auf dem Hof der Eltern geholfen. Als meine Mutter zwölf war, musste ihr Vater den Hof aufgeben, und die Familie zog in die Nähe von Hamburg in ein Reihenhaus. Dort lebte der Onkel meiner Mutter, der eine Fabrik für alle möglichen Gegenstände aus Kunststoff hatte – Eimer, Gießkannen, Griffe für Werkzeuge, Besenstiele und vieles mehr. Dort ließ er seinen Bruder arbeiten. Meine Mutter ging nach der Schule auf die Handelsschule und übernahm nach ihrem Abschluss die Buchhaltung in der Fabrik ihres Onkels. Was Marlies lernte, weiß ich nicht. Sie war, soweit ich weiß, schon als junge Frau ständig krank und starb, als sie gerade fünfunddreißig Jahre alt geworden war.

Dann traf meine Mutter meinen Vater und wurde mit mir schwanger. Ich kam 1977 zur Welt, da war mein Vater schon auf und davon. Bis zu ihrem Tod lebte meine Mutter in dem kleinen Reihenhaus, das ich dann erbte. Es ist jetzt an eine junge Familie vermietet.

Hatte es je noch mal einen anderen Mann für meine Mutter gegeben? Keinen, von dem ich wüsste. Hatte meine Mutter je von einem anderen Leben geträumt? Auch das weiß ich nicht zu sagen. Sie war eine intelligente Frau gewesen, aufrecht und pflichtbewusst. Ich könnte nicht eine

Sache nennen, von der ich sagen würde, dass sie die richtig gerne getan hätte oder etwas, woran sie Spaß hatte oder ein Hobby. Was hatte meine Mutter in ihrer Freizeit gemacht? Was hatte sie begeistert? Worüber hatte sie lachen können? Keine der Fragen konnte ich beantworten.
Hatte meine Mutter je etwas geliebt? Hatte sie mich geliebt? Ich weiß es nicht. Ohne Zweifel hatte sie immer gut für mich gesorgt, aber ich hatte auch immer gespürt, dass ich etwas in ihr auslöste, an dem sie nicht rühren wollte. Und das prägte mich.

Um nicht immer nur zu grübeln, nahm ich mir öfter etwas zu lesen mit zum Stall. Und irgendwann begann ich damit, den Pferden vorzulesen. Sie schienen tatsächlich meiner Stimme zu lauschen, und ich las ihnen gerne vor. Im Advent suchte ich extra Weihnachtsgedichte und Geschichten heraus und musste fast selbst über mich lachen. Aber was schadete es schon? Mich tröstete es in dieser Zeit sehr. Manchmal brachte ich auch einen kleinen Lautsprecher mit und spielte leise Lesungen oder Musik. Immer war der kleine Stall mit lauschenden Pferden gut gefüllt.
Oft saß ich aber auch einfach nur mit ihnen, denn ich mochte die Ruhe, die sie ausstrahlten, wenn sie alle vor sich hindämmerten und hin und wieder leise schnaubten. Es gab mir viel, so bei ihnen sein zu können. Es war, als würde ich in einer schützenden Höhle sitzen, geborgen in der

Gemeinschaft dieser kleinen Herde. Und das machte mir die dunklen Wochen leichter.

Ich hatte die kleine Truppe schon gut kennengelernt. Ich kannte die Namen von allen Pferden und auch ihre Geschichten. Die meisten Pferde gehörten Nicole. Sie hatte sie fast alle als Notfälle übernommen und setzte sie im Rahmen ihrer sozialpädagogischen Angebote für Kinder und Jugendliche ein. Einige Male schaute ich bei ihrer Arbeit zu und fand es faszinierend, wie aktiv die Pferde dabei waren. Sie schienen genau zu wissen, was welches Kind oder welcher Jugendliche brauchte, um ein bisschen mehr aus sich herauszukommen. Sogar solche, die zu Beginn deutlich machten, dass sie keinerlei Lust darauf hatten, etwas mit den blöden Gäulen zu machen, wurden nach und nach in ihren Bann gezogen. Und alle lächelten am Ende der Einheiten.
Neben Nicoles Pferden gab es noch vier weitere, die, genau wie Bella, bei ihr eingestellt waren. Bella stand in der größten Gruppe mit acht Pferden, und besonders gut lernte ich davon Bellas zwei Freunde kennen.
Da war einmal Ben, ein pfiffiges Shetlandpony, das nie müde wurde, herauszufinden, wie es mir ein Stück Möhre abringen konnte. Ben hätte Bellas Enkel sein können. Ich beobachtete oft, wie er aus dem Nichts zu Bella trabte und begann, sie in die Seite oder in die Beine zu zwicken.

Normalerweise tun das nur Wallache untereinander, aber Bella duldete das kindische Spiel des Ponys. Hin und wieder ermahnte sie ihn mit eng am Kopf anliegenden Ohren und einem leicht gehobenen Hinterhuf, dass er sich benehmen sollte, aber ich hatte immer den Eindruck, dass sie es liebte, wenn er so frech war.

Und dann war da noch Oskar. Oskar war wie ein eleganter älterer Herr, so einer mit Stock und Hut. Er war riesig und vollkommen schwarz. Als er das erste Mal auf mich zukam, rutschte mir das Herz in die Hose, denn Oskar war wirklich eindrucksvoll. Er war ein Friese, wie ich heute weiß, mit einer langen, welligen Mähne und einem ebenso schönen Schweif.

Oskar liebte Bella in der Weise, wie es diese Herren der alten Schule tun: Er verehrte sie. Sie gab sich ihm gegenüber spröde, aber eigentlich genoss sie seine Avancen. Er wachte über sie, er begleitete sie, er war immer da für sie. Er war sanft und höflich und nie aufdringlich. Wäre ich eine Stute gewesen, hätte ich mich ganz sicher unsterblich in ihn verliebt.

Zugegeben, manchmal war ich ein bisschen neidisch auf Bella und ihre Männer, denn auch ich sehnte ich mich wieder nach jemandem an meiner Seite. Ich wünschte mir Kontakt, Nähe und Berührungen. Ich wollte von jemandem gehalten werden und wollte selbst umarmen, streicheln und küssen. Ich wollte nicht länger allein einschlafen

und aufwachen. Ja, ich war regelrecht ausgehungert in Sachen Zärtlichkeit und Liebe.
Dafür wollte ich zunächst auch wieder Gregor die Schuld zuschieben, aber ich tat der Reue nicht den Gefallen. Nicht er war unnahbar gewesen, sondern ich. Er hatte sich nur angepasst.

Immer wieder ganz in meinen Gedanken verloren, merkte ich irgendwann, dass eines der Pferde den Kopf hob, sich umdrehte und aus dem Stall ging. Das war für alle das Zeichen zum Aufbruch. Ging eines, gingen alle mit. Nie blieb eines allein bei mir, außer manchmal Bella, doch bei ihr hatte ich den Eindruck, dass sie sich mir gegenüber vielleicht verpflichtet fühlte. Grundsätzlich gingen sie als geschlossene Gruppe, und damit ließen sie mich nie vergessen, dass ich keines von ihnen war. Ich verbrachte vielmehr nur so etwas wie eine Art Kur bei ihnen und blieb ein Gast. Das wiederum machte mir bewusst, dass für mich anstand, dafür zu sorgen, meine Einsamkeit zu beenden. Den Winter über würde ich mir noch Rückzug und Ruhe gönnen und mich immer wieder hier verkriechen, damit ich im sicheren Kreis der Pferde weiter heilen konnte. Aber dann würde ich meinen Weg auch wieder zurück ins richtige Leben finden müssen und schauen, was dort alles auf mich wartete.

Und bei diesem Gedanken flatterte etwas in mir auf wie ein träumender Schmetterling in seinem Winterschlaf.

***

**»Niemand sollte ganz allein sein.«**

Bella

# Plötzlich nur noch Sorgen

Januar und Februar wurden lange Monate. Bis auf zwei, drei sonnige Tage gab es vor allem nasskaltes Wetter, das nicht nur mir, sondern auch Bella zusetzte. Und so nisteten sich Sorgen in meinem Gemüt ein.

Ende Januar war Nicole am Handy:
»Hi Doro. Bella hat eine Kolik. Keine Panik, ich hab den Tierarzt schon gerufen.«
»Oh nein, wie schlimm ist es?«, fragte ich.
»Es ist keine allzu starke Kolik, ich denke, das bekommen wir mit einer Spritze hin. Sie ist zwar nicht mehr die Jüngste, aber noch sehr fit. Das schafft sie schon.«
»Im Moment kann ich hier noch nicht weg, aber ich komme, so schnell ich kann. Danke, Nicole.«
Die drei Stunden, die ich noch arbeiten musste, waren endlos, und als ich schließlich doch am Stall ankam, war ich vor Angst um mein Pferd ganz krank. Da ich Bella nicht bei den anderen sah, suchte ich im Stall nach ihr. Dort gab es eine Krankenbox, und genau darin fand ich sie. Sie hob gleich den Kopf, als ich kam, und sah eigentlich gar nicht schlecht aus. Sie fraß Heu, was ein gutes Zeichen war.
»Was machst du denn für Sachen?«, sagte ich und öffnete die Tür zur Box. Nicole hatte ihr eine Decke aufgelegt, ansonsten wirkte sie ganz normal. Das beruhigte mich etwas.

Ich streichelte Bella und ging dann wieder aus der Box, um Nicole zu suchen. Sie kam mir aber bereits entgegen.
»Mach dir keine Sorgen, es ist wieder alles gut. Kurz bevor der Tierarzt kam, hatte sie geäppelt. Sie bekam vorsichtshalber noch einen Krampflöser gespritzt und fing dann bald wieder zu fressen an. Ich behalte sie noch für ein, zwei Stunden in der Box und lasse sie dann wieder zu den anderen.«
»Ganz lieben Dank! Ich hab mir wirklich große Sorgen gemacht«, sagte ich. »Woher kommt so eine Kolik denn nur?«
»Ach, das kann immer mal sein. Meist verläuft es glimpflich, wenn man es schnell genug merkt.«
»Aber was machen wir jetzt, damit das nicht wiederkommt?«
»Erstmal nichts. Sie hatte das ja bisher noch nicht, ich gehe davon aus, dass einfach irgendwas quer lag. Vielleicht war es auch der Wetterumschwung, wer weiß. Der Tierarzt schien auch nicht sehr besorgt. Also, atme durch, es ist alles gut.«
»Okay, nochmals danke. Ich wäre gerne gleich gekommen, aber das ging nicht, ich war allein in der Apotheke.«
»Überhaupt kein Problem.«

Ich ging wieder zu Bella und setzte mich zu ihr ins Stroh.
»Mach mir keinen Kummer, ja?«, flüsterte ich und fühlte mich elend.

Zum ersten Mal dachte ich darüber nach, dass Bella sterben könnte. Eines Tages würde ich einen Anruf bekommen und Nicole oder Svenja würden mir sagen, dass Bella gestorben ist. Vielleicht hat man sie friedlich liegend auf der Weide gefunden, vielleicht musste der Tierarzt ihr den Weg erleichtern.

Das Thema Tod hatte ich immer, so gut es ging, verdrängt, aber ich wusste, es würde anstehen, mich damit zu befassen. Nicht nur mit Bellas Tod, ich würde mich zudem an den Gedanken wagen müssen, dass auch mein Leben endlich ist.

Wie viele Jahre würden ihr noch bleiben? Und mir? Uns zusammen? Das nicht zu wissen, fand ich früher grausam, in diesem Moment erschien es mir eher tröstlich.

Viele sagen, dass Tiere nichts vom Tod wissen. Ich glaube, das stimmt nicht, ich denke vielmehr, sie akzeptieren ihn als Teil des Lebens, etwas, das wir von ihnen lernen können.

Ich fürchtete mich schon immer vor dem Tod, hatte ich doch früh erlebt, wie plötzlich er etwas auslöscht, von dem man dachte, es sei noch lange da. Nun fürchtete ich mich vor ihrem Tod, vor meinem Tod und vor dem Tod selbst. Doch Bella fürchtete sich nicht, denn sie wusste, zu leben.

Bella lebte in den Tag hinein, als wäre er die Unendlichkeit, die ihr gehörte. Genau das konnte sie vielleicht nur, weil für sie auch das Sterben dazugehörte. Vielleicht kann man nur so leben, wenn man auch ja dazu sagt, dass es endlich ist. Und so sehr ich wünschte, auch so leben zu können, begann ich, ohne es zu merken, stattdessen wieder einmal damit, mit dem Leben zu ringen.

Bellas Kolik war wie eine Einladung für weitere sorgenvolle Gedanken. Wahrscheinlich lag es an den kurzen Tagen und am fehlenden Sonnenlicht, aber meine Stimmung wurde immer trüber, und ich grübelte über alles Mögliche nach: Würde ich überhaupt nochmal einen Partner finden können oder müsste ich jetzt für den Rest meines Lebens allein bleiben? Was würde passieren, wenn ich krank werde? Würde sich jemand um mich kümmern? Wen könnte ich um Hilfe bitten? Was wäre, wenn ich meine Arbeit verlöre oder nicht mehr ausüben könnte? Was würde im Alter sein, wäre ich auch da allein? Würde meine Rente ausreichen oder drohte mir die Altersarmut?
Und wenn ich mit all meinen persönlichen Sorgen durch war, machte ich mit den großen Sorgen weiter: Wirtschaftskrise, Kriege, Rechtsruck, Klimawandel, die Liste war endlos.
Gefühlt verbrachte ich ganze Nächte damit, mir schlimme Dinge auszumalen, und entsprechend fühlte ich mich tagsüber: mut- und hoffnungslos.

Was Bella anging, verlor ich immer mehr die Freude und Leichtigkeit, die mir so gutgetan hatten. Stattdessen suchte ich regelrecht nach immer neuen Sorgenanlässen: Wie stark ihr Lahmen wurde, wenn das Wetter feuchtkalt war. Dass sie deutlich abnahm. Dass sie oft müde wirkte und viel döste. Ging es ihr denn gut? Brauchte sie nochmal einen Tierarzt? Würde ich sie doch bald verlieren?
Nicole versuchte, mich immer wieder zu beruhigen, aber das half mir nicht. Ich fürchte, dass ich sie in dieser Zeit ganz schön nervte mit meinen ständigen Fragen, Bitten und Extrawünschen. Aber je genauer ich Bella anschaute, desto größer wurde meine Besorgnis. Ich kaufte ihr verschiedene Decken, für jede Art von Wetter eine andere. Ich buchte eine Futterberatung für Pferde, ließ sie nochmal vom Tierarzt durchchecken und die Zähne kontrollieren. Ich maß Fieber und tastete sie nach Verspannungen ab. Ich las alles über alte Pferde und noch mehr über Pferdekrankheiten. Die Vorstellung, Bella verlieren zu können, setzte mir so zu, dass ich kaum noch rauskam aus der Sorgenspirale.

Doch eines Tages setzte Bella dem ein Ende.
Ich war an diesem Tag mit einem Paket Physio-Tapes zu ihr gekommen, die ich im Internet gefunden hatte. Sie sollten für alles Mögliche gut sein: für eine bessere Zirkulation, für eine Förderung der Muskelfunktionen und zur Unterstüt-

zung der Gelenke. Es handelte sich um elastische Tapes, die an verschiedenen Stellen angelegt werden und dort mehrere Tage bleiben sollten. Ich hatte stundenlang recherchiert, damit ich die Tapes auch korrekt anwenden würde.

Doch Bella hatte ihre eigene Meinung dazu.

Als ich mit den Tapes zu ihr kam, legte sie die Ohren an und drehte sich weg.

»Bella, komm, das ist gut für dich«, sagte ich und ging wieder auf sie zu. Erneut legte sie die Ohren an und bewegte sich weg. Ich holte das Halfter und ging noch einmal zu ihr.

»Bella, sei nicht albern, das sind nur Tapes. Schau sie dir an.«

Ich hielt sie ihr hin, aber Bella wollte nichts davon wissen.

»Ehrlich, das muss sein, ich will dir doch helfen«, sagte ich streng. Doch statt, wie sie es sonst tat, ihren Kopf von sich aus ins Halfter zu stecken, legte sie wieder die Ohren an und drohte, mich zu beißen. Das schockte mich, denn so hatte ich sie noch nie erlebt. Das konnte ich doch nicht durchgehen lassen, diese Tapes würden ihr guttun. Das musste jetzt einfach sein. Ich stellte mich so, dass ich ihren Kopf halten und ihr das Halfter überstreifen konnte. Bella stampfte deutlich mit dem Vorderhuf auf und drehte den Kopf weg von mir.

»Was ist denn nur los mit dir«, herrschte ich sie an und war selbst erstaunt über die Aggressivität in meiner Stimme. »Jetzt stell dich nicht so an, ich will dir doch helfen!«

In diesem Moment riss sich meine brave Bella los, noch bevor ich das Halfter hatte schließen können. Sie schüttelte es ab und galoppierte nach hinten bis ans Ende des Auslaufs. Mich hatte sie dabei zur Seite geschubst. Fast wäre ich gestürzt, die Tapes lagen auf dem Boden verteilt, und ich war in diesem Moment so wütend auf das Pferd, dass ich am liebsten hinterhergerannt wäre.
Stattdessen hockte ich mich erstmal hin. Mir zitterten die Knie, und ich spürte nur noch Wut und Frust und eine unerträgliche Angst um Bella, so als würde ihr Leben von den dummen Tapes abhängen. Mit diesem Gedanken begann ich zu weinen und kam nach einer Weile langsam wieder zu mir.
Es war nicht Bella, die ich fragen musste, was los war, sondern diese Frage musste ich mir selbst stellen. Ohne dass ich es gemerkt hatte, hatte die Angst mal wieder übernommen, und wieder einmal kämpfte ich gegen sie, statt mich mit ihr zu befassen.

Mir wurde klar, dass es nicht allein um meine Sorgen um Bella ging. Natürlich wollte ich, dass es ihr gut ging, aber im Moment tat ich ja so, als würde sie schon im Sterben liegen! Und während ich langsam wieder ruhiger atmete, fühlte ich die diffuse Verzweiflung, die mich in den letzten Wochen angetrieben hatte. Da war wieder mein altes Muster: alles nur Menschenmögliche zu tun, um Böses abzuwenden. Ganz nach dem Motto: Wenn ich mich nur gut genug um Bella kümmere, dann kann sie nicht sterben. Dann darf überhaupt nichts Schreckliches passieren, sondern dann müsste alles gut bleiben.

Ich erschrak, denn ich hatte gedacht, dass ich das hinter mir gelassen hatte, schließlich hatte ich doch verstanden, dass man mit dem Leben keine solchen Deals machen konnte.

Worum geht es gerade wirklich, mein Herz, fragte ich mich selbst, und es dauerte ein Weilchen, bis ich spürte, dass ich wieder weit, weit weg gewesen war. Wieder hatte ich mich im Außen verloren, hatte mich in meine Sorgen verrannt und der Angst alles überlassen, statt bei mir zu bleiben und gut für mich zu sorgen. Was ich hier so verzweifelt zu retten versuchte, war nicht Bella, sondern es ging um mich selbst. Gut war, dass ich es gemerkt hatte oder besser gesagt, dass es mir Bella gezeigt hatte. Wer weiß, wie lange ich ohne ihre so klare Reaktion gebraucht hätte, wieder zur Vernunft zu kommen.

Ich erkannte, wie wichtig es war, wirklich bei mir zu bleiben und zu lernen, besser für mich selbst zu sorgen. Nur so konnte ich auch gut für andere sorgen.

Als ich das dachte, spürte ich, dass Bella hinter mir stand. Sie war zurückgekommen, als hätte sie genau gemerkt, dass ich sie nicht mehr mit den Tapes belästigen würde.

»Gut, dass du da bist«, sagte ich und fühlte in diesem Moment eine Art von Liebe, wie ich sie noch nie gespürt hatte. Es war eine Liebe, die nicht festhielt, sondern die auch loslassen konnte. Eine Liebe, die größer war als die Angst zu verlieren. Eine Liebe, die das Leben und auch das Sterben einschloss.
Und damit begann ich, Bella auf eine so viel bessere Art zu lieben, als es mir bisher möglich gewesen war: leicht, frei und ohne dass ich etwas dafür tun musste.
Ich hatte immer geglaubt, dass Liebe eine Entscheidung war, die man treffen und für die man arbeiten musste. So entschied ich mich damals dazu, Gregor zu lieben, weil ich es für richtig hielt. Aber mit echter Liebe hatte das nicht viel zu tun.

In diesem Moment begann ich zu verstehen, was mit dem Satz gemeint ist, dass man erst sich selbst lieben muss, wenn man geliebt werden will. Ohne sich selbst zu lieben, kann man nichts wirklich geben, denn man liebt, um geliebt zu werden, es hängt also eine Bedingung daran. Und weil nie sicher ist, ob sich die Bedingung auch wirklich erfüllt, bleibt man immer bedürftig und immer hungrig, egal, wie viel man auch bekommt, denn man bekommt Mitleid, aber keine Liebe.
Aber ich wollte Liebe, und ich wollte lieben!

***

»Lieben fängt immer
bei sich selbst an.«

Bella

## *Weil du mich trägst*

Als ich mich für Bella entschied, hatte ich nie wirklich im Sinn gehabt, sie auch zu reiten. Schließlich war sie ein schon älteres Schulpferd mit einer leichten Arthrose, sie verdiente es, in Rente zu gehen.
Und doch trug Bella mich auf ihre ganz eigene Weise.
Wann immer ich in meine Traurigkeit eintauchte, die oft so tief und groß war wie das Meer, konnte ich durch sie darin schwimmen, ohne unterzugehen. Wenn ich mich so einsam fühlte, dass mein Herz so eng wurde, dass ich kaum noch atmen konnte, atmete sie für mich, bis ich es wieder allein konnte. Und so oft ich mich auch immer und immer wieder selbst verlor, so fand sie mich und brachte mich zurück zu mir.

Wenn ich bei Bella war, schien das Leben nicht mehr so überwältigend und kompliziert zu sein, sondern irgendwie handlicher.
Bewältigbarer.
Erträglicher.
Mir war die Welt schon immer viel zu groß gewesen. Ich habe das nie so bewusst benennen können, aber da war stets ein Gefühl von Überforderung. Das Leben war so komplex und wog oft so schwer, dass ich nie das Gefühl hatte, ihm wirklich gewachsen zu sein. Es fühlte sich im-

mer so an, als würde ich stetig schrumpfen, während alles andere immer mehr anschwoll.
Wahrscheinlich geht es nicht nur mir so, aber ich fühlte mich nicht dafür gemacht, die sprichwörtliche Welt mit ihrem Leid auf meinen Schultern zu tragen. Das Internet und die Medien machen mich, ohne dass ich reise, im wahrsten Sinne des Wortes zu einer Weltenbürgerin, denn lebe ich nicht nahezu gleichzeitig an den unterschiedlichsten Orten? Ich bin beim Tsunami in den Philippinen dabei, erlebe das Fischsterben am Amazonas, sorge mich über die Einbrüche am anderen Ende der Stadt, beobachte die politischen Unruhen in Afrika und erlebe Krieg in Europa – Katastrophen und Einzelschicksale sind ununterbrochen abrufbar, so detailliert wie es nur geht. Verrohen vielleicht deshalb so viele? Um sich abzuschotten, damit man nicht durchdreht? Mich machte all das immer ängstlicher, stiller und unsicherer.

Bei Bella konnte ich nun erleben, wie heilsam es ist, die Welt wieder etwas überschaubarer zu machen. Bei ihr gab es kein Internet und keine Nachrichten. Trotzdem war ich mehr im Leben als je zuvor, denn bei ihr lernte ich mich zu öffnen, statt mich zu verschließen. Alles, was bei ihr war, war real fassbar und wirklich. Ich konnte es sehen, riechen, hören und fühlen – ich konnte es erfassen und ertragen.

Ich musste nicht größer sein und nicht härter werden, um Bellas Welt gewachsen zu sein. Bei Bella war es gut, genauso zu sein, wie ich bin. Diese Erfahrung machte mich Tag für Tag ein kleines bisschen stärker.

Manchmal fragte ich mich, wie viele Menschen Bella wohl schon auf ihrem Rücken getragen hatte. Als Schulpferd dürften es sehr viele gewesen sein.
Wie das wohl ist, wenn täglich verschiedene Menschen auf deinem Rücken sind – leichte und schwere, junge und alte, unsichere und vorsichtige. Mutige und welche, die Angst haben. Welche, die reiten können, und welche, die zum ersten Mal auf einem Pferd sitzen. Befehlende, kontrollierende und strafende. Unbewegliche und welche, die ständig herunterfielen. Mit etwas Glück auch behutsame und zärtliche und solche, die sich leicht machen konnten.
Wenn ich so darüber nachdenke, dann dürften uns Pferde wohl ziemlich gut kennen, ja, vielleicht muss man tatsächlich jemanden ein Stück weit tragen, um wirklich zu wissen, wer das ist.

Was mich dann dazu bewegt hat, Bella tatsächlich auch zu reiten, war, so seltsam es klingen mag, ihre Einladung dazu. Sie bot es mir an wie ein Geschenk, aber ich nahm es zunächst nur zögerlich an. Meine Erinnerungen an das Reiten waren unschön, und ich wollte nichts tun, was das Verhältnis zu Bella verschlechtern würde. Auch meine Angst meldete deutlich Bedenken an. Ich war ja schon froh darüber, dass es mir immer besser gelang, relativ sicher auf meinen eigenen Beinen zu stehen, da ließ mich die Vorstellung, mich voll und ganz einem so großen Tier anzuvertrauen, wieder zittern.

Aber gleichzeitig meldete sich der neu gewonnene Lebenshunger: Es war eine zutiefst beglückende Vorstellung, von Bella ein Stück weit durch den Wald getragen zu werden, in dem wir uns hier gerade befanden. Die vielen Spaziergänge hatten ihren Beinen gutgetan, sodass sie deutlich besser lief. Ich selbst wog noch immer wenig, und es würde ihr sicher nicht schaden, wenn sie mich ein kleines Weilchen tragen würde ...

Okay, Angst, ich möchte es versuchen, sagte ich, worauf sie in den Hintergrund trat. Bella zog mich von sich aus sanft zu einem großen Stein und blieb dahinter stehen, sodass er zwischen uns lag und eine gute Möglichkeit für mich bot, auf ihren Rücken zu kommen. Sie drehte, so wie sie es oft tat, ihren Kopf zu mir und ich hörte ihr tiefes Bella-Brummeln, als würde sie mir gut zureden. Dann stand sie ganz ruhig da, atmete tief und gleichmäßig und wartete ab.

Ich begann, meinen Atem mit ihrem abzustimmen, denn meiner drohte, wieder davonzurasen. Wie lange wir so standen, weiß ich nicht, gefühlt war es eine kleine Ewigkeit, bis ich endlich auf den Findling stieg. Dort bescherte mir meine Angst ein heftiges Schwindelgefühl, sodass ich erst einmal hocken blieb und mich kaum bewegen konnte. Aber ich wollte es nicht abbrechen. Es war wichtig, denn es ging um so viel mehr, als allein darum, auf den Rücken eines Pferdes zu steigen. Es ging wieder einmal darum, mir selbst etwas zu erlauben und nicht die Angst entscheiden zu lassen.

Bitte, Angst, lass mich das tun, flüsterte ich. Ich spürte Bellas Körperwärme und nahm ihren immer noch ruhigen Atem wahr, während ich mich langsam aufrichtete und meine Hände auf ihren Rücken legte. Ich wartete auf einen Schweißausbruch oder das Herzrasen. Beides blieb aus. Die Angst ließ mich gewähren. So wurde ich ruhiger. Als würde jemand alle Regler in mir sanft herunterschieben, wurde es leer und still in mir. Die Stimmen, die Gedanken, die Gefühle, alles ließ nach. Da waren nur noch Bella und ich. Ihr Fell unter meinen Handflächen, ihr ruhiger Atem als Taktgeber. Langsam schwang ich mein rechtes Bein über ihren Rücken und saß auf.

Im ersten Moment sog ich die Luft scharf ein, als wäre ich in eiskaltes Wasser gesprungen. Ein Schreck durchfuhr mich und die Frage, was ich da getan hatte. Es war hoch dort oben auf Bellas Rücken, viel höher, als ich es erwartet hatte.

Aber Bella blieb ruhig stehen, und ich schloss für einen Moment die Augen. Alles ist gut, sagte ich und die Angst schwieg.

Als ich die Augen wieder öffnete, sah die Welt anders aus. Aus dieser Perspektive hatte ich noch nie einen Wald gesehen, denn bisher hatte ich nur als Kind die Runden in der Reithalle erlebt, nie aber einen Ausritt.
Ich kann jederzeit absteigen, sagte ich mir selbst und streichelte Bellas Hals. Aber das wollte ich gar nicht mehr! Mein Atem beruhigte sich und wurde auch dann nicht wieder schneller, als Bella ganz langsam und behutsam losging.
Das alles hatte nichts mit dem zu tun, was ich damals als Reiten gelernt hatte. Die Pferde hatten Sättel und Zaumzeuge getragen und es gab Lederriemen, mit denen ihr Kopf mehr oder weniger auf einer Höhe fixiert war. Wir bekamen Zügel in die Hand, die an einem Gebissstück befestigt waren, und daran zog ich, wenn es mir zu schnell wurde.
Hier saß ich nun auf einem blanken Pferderücken und hatte nichts als einen einfachen Strick in der Hand, der an einem Stallhalfter befestigt war. Was für ein Wahnsinn, dachte ich, ich habe keine Chance, wenn sie sich erschreckt und losrennt.
Aber warum hätte Bella sich in diesem Moment erschrecken sollen? Sie war ganz bei mir und spürte meine Un-

sicherheit. Sie tat alles, um mir mehr Sicherheit zu geben. Ich ritt nicht, sondern ich saß nur auf ihrem Rücken und sie achtete fürsorglich darauf, dass ich nicht herunterfiel. So gelang es mir nach und nach, mich tatsächlich von ihr tragen zu lassen. Ich entspannte bewusst meine Muskeln in den Armen, Beinen und im Rücken, wurde weicher und konnte Bellas Bewegungen mitmachen. Es war faszinierend: Je mehr ich mich einließ, desto freier wurde Bella in ihren Bewegungen.

Was für eine Erfahrung! Ich konnte es zulassen, von einem anderen Wesen bewegt zu werden. Es war viel mehr ein Loslassen als ein aktives Tun. Es war ein Annehmen, und es war Hingabe. Es war ein Verschmelzen von meinem eigenen mit einem anderen Sein, sodass wir zusammen mehr waren als einzeln jeder für sich. Das zu fühlen, erfüllte mich mit einer so unglaublichen Dankbarkeit, dass mir die Tränen liefen und ich lachte und gar nicht wusste, wohin mit all dem Guten und Schönen in mir. Von ihr auf diese Weise getragen zu werden, war eines der schönsten Erlebnisse meines Lebens.

Nach einem Weilchen hielt Bella an. Um abzusteigen, brauchte ich noch einmal eine Portion Mut, aber ich ließ mir Zeit und landete gut auf meinen Füßen. Dann umarmte ich Bella und konnte für den Rest des Tages nicht aufhören, glücklich zu grinsen. Auf Bellas Rücken lernte ich vielleicht zum ersten Mal in meinem Leben, was es wirklich heißt, zu vertrauen: nämlich nicht abhängig zu sein und sich voll und ganz auf jemanden verlassen zu müssen, sondern sich aus einer tiefen inneren Kraft heraus einlassen zu können auf genau diesen einen Moment, auf die jeweilige Begegnung und auf das Leben, so, wie es sich gerade zeigte.

Wie seltsam es doch mit dem Tragen und Getragenwerden ist, dachte ich. Sich tragen zu lassen, hat gar nicht immer etwas mit Schwäche zu tun, sondern manchmal sehr viel mit Stärke. Denn um sich schwach zeigen zu können, musste man sich erst einmal erlauben, schwach zu sein – und das macht verletzlich. Mir wurde bewusst, dass ich wohl immer jemanden gesucht hatte, der mich tragen würde. Vielleicht hatte ich immer zu wenig Halt erlebt, um stark werden zu können, und die verdrängte Verletzlichkeit hatte mich ängstlich gemacht. Ja, oft hatte ich mir das Leben nicht zugetraut. Und das mag ein Hauptgrund für meine Entscheidung für Gregor gewesen sein: die Gewissheit zu haben, dass er mich tragen würde. Und dafür war ich bereit, auch ihn zu tragen. Nur hatten wir uns einander nie wirklich gezeigt, nie wirklich anvertraut. Was wussten wir schon von unserer Schwäche, von unseren Gefühlen oder von unseren Ängsten? Wir beide hatten Halt beim anderen gesucht und gaben Stärke zum Tausch vor. Unsere Ehe hatte sichergestellt, dass immer jemand da sein

würde – aber tatsächlich waren wir allein gewesen in dieser Zweisamkeit. Indem wir uns darauf konzentriert hatten, ein perfektes Wir aufzubauen, verkümmerten unsere beiden Ichs und konnten nicht wachsen. Das Ganze hatte nie die Substanz gehabt, auf die ich mich so verlassen hatte.
Mir wurde klar, dass man es nicht als selbstverständlich sehen darf, getragen zu werden – weder von einem Pferd noch überhaupt. Was ich nun lernen wollte, war, mich selbst zu tragen, um dann vielleicht irgendwann ein Wir erleben zu dürfen, in dem beide stark genug füreinander sein konnten, um auch mal schwach zu sein.

***

»Wer getragen werden möchte, darf nicht zu schwer werden.«

Bella

## Ich mit mir …

Und dann war er plötzlich da: der Frühling. Mitten im März war es, als hätte die Natur einen Schalter umgelegt. Es wurde warm, und das Grün explodierte. Die Vögel gaben den ganzen Tag lang Konzerte, erste Schmetterlinge tanzten durch meinen Garten, und die Pferde schienen alle wieder so jung zu sein wie Fohlen.

Auch in mir begann es zu sprießen: Gedanken in allen Formen und Farben – ich fühlte mich bunt.
Im Spiegel sah mich nun eine andere Frau an als die, die ich bisher gekannt hatte: Meine Haare, die ich immer in einem glatten Bob getragen hatte, waren länger geworden und fielen nun in weichen Wellen bis fast auf meine Schultern. Der strenge Zug um meinen Mund, von dem ich gedacht hatte, ich hätte ihn von meiner Mutter geerbt, war fast verschwunden. Dafür schienen meine Augen größer und runder geworden zu sein, von vielen Fältchen umzeichnet. Die ersten Sonnenstunden des Frühlings hatten schon für etwas Farbe in meinem Gesicht gesorgt, das schmaler geworden war und meine hohen Wangenknochen zeigte. Es war, als hätte meine Empfindsamkeit das alte Doro-Gesicht abgelegt, um sich nun der Welt zu zeigen.
Und etwas verwundert stellte ich fest, wie schön ich mich fand.

Bella und ich waren in diesen Wochen viel unterwegs. Bei ihren großen Schritten war es eine Herausforderung, mitzuhalten, was meine Kondition stetig verbesserte. Und ich spürte sehr bewusst, wie gut es mir tat, wieder in Bewegung zu kommen! Ich hatte es immer gemocht, in der Natur unterwegs zu sein, aber meist war es bei den wenigen Radtouren mit Gregor geblieben. Lange Spaziergänge oder gar Wanderungen hatten wir nicht gemacht. Meist war es dann doch einfacher gewesen, wieder zu einem Buch zu greifen, als sich aufzuraffen.

Jetzt, da das Laufen zu einem festen Bestandteil meines Alltags wurde, löste mich das aus einer Starre, von der ich gar nicht gewusst hatte, wie stark sie mich gefangen gehalten hatte. Wenn ich nun zurückschaue, dann entsprach sie wohl voll und ganz meiner Geisteshaltung – sie bedingten sich gegenseitig.

Aber nun, seit ich neben meinem Pferd fast täglich lief und zusätzlich im Stall und auf der Weide mithalf, merkte ich, wie ich nicht nur beweglicher wurde, sondern auch kräftiger. Ich entwickelte eine körperliche Stärke, die auch etwas mit meinem Denken machte: Ich wurde mutiger!

Das viele Grübeln hatte mir wichtige Erkenntnisse geschenkt, die mich nun unruhig machten – sie wollten umgesetzt und gelebt werden. Gregor hatte recht gehabt: Ich verstand jetzt, was er gemeint hatte, dass er leben wollte. Genau das wollte ich auch.

Ganz vorne stand meine Sehnsucht danach, herauszufinden, was alles auf mich wartete, wenn ich mir noch mehr erlaubte, wirklich Doro zu sein. Dieses Bedürfnis fragte ständig, wann es denn endlich losgehen würde.

Also traf ich zwei Entscheidungen.

Als Erstes ging ich in der Apotheke auf halbe Stelle. Das war etwas, das für mich früher undenkbar gewesen wäre. Ich hätte viel zu viel Angst gehabt, nie wieder zurück in die Vollzeit zu kommen oder gekündigt zu werden, weil ich nicht genug leistete. Jetzt fühlte es sich gut und richtig an. Das Geld würde knapper sein, aber ich hatte noch einiges gespart, und wer wusste schon, was sich noch ergeben würde, denn immer öfter kam mir der Gedanke, ob ich mir vielleicht beruflich eine neue Herausforderung suchen sollte.
Noch einmal etwas Neues zu lernen – ja, dazu hatte ich Lust! Vielleicht noch eine Aus- oder Weiterbildung? Vielleicht könnte ich Heilpraktikerin werden, das würde mich reizen, überlegte ich und nutzte die Abende dazu, nach seriösen Ausbildungen zu suchen, denn das Angebot dazu war überwältigend. Kurz dachte ich an Bella und überlegte, ob es vielleicht eine Tierheilpraktiker-Ausbildung werden sollte, aber das verwarf ich wieder. Nein, ich wollte Menschen behandeln, wenn schon nicht als Ärztin, dann eben

als Heilpraktikerin. In der Kombination mit meinem Apothekerwissen könnte ich sicher vielen gut helfen.
Aber festlegen wollte ich mich noch nicht, wer weiß, was mir noch einfallen würde.

Mit der zweiten Entscheidung verblüffte ich mich noch etwas mehr, aber einmal gedacht, schien sie mir notwendig, um mir zu ermöglichen, noch mehr ich selbst sein zu können: Ich bat Gregor um die Scheidung.
Damit hatte er offenbar auch nicht gerechnet und reagierte erstaunt.
»Aber wir sind doch noch nicht mal ein Jahr getrennt«, sagte er.
»Stimmt, aber es ist klar, dass es kein Zurück gibt.«
»Nein, wohl nicht.«
»Dann lass uns diesen Schlussstrich ziehen. Es ist wichtig für mich«, sagte ich und spürte, wie viel Kraft in diesem Satz lag.
Ich sorgte für mich.

Da Gregor noch immer in Deutschland war und wir uns ohne Streit über die Aufteilung unseres gemeinsamen Besitzes einigten, ging alles recht schnell: Keine vier Wochen später kamen wir als Geschiedene aus dem Gericht.

»Wollen wir noch einen Kaffee trinken gehen?«, fragte Gregor.
»Danke, aber ich glaub' nicht. Das holen wir vielleicht später einmal nach. Mach es gut in Costa Rica«, sagte ich, drehte mich um und ging mit leichtem Herzen und großen Schritten in einen Sommer, der wundervoll werden sollte.

Anfang Juli kamen die Pferde wieder auf die Sommerweide und lebten dort ein so freies Pferdeleben, wie es nur möglich war. Für Bella als Schulpferd war es das pure Glück, und auch ich lernte, meine Freiheit immer mehr zu schätzen.
Ich fuhr nicht mehr ständig zu Bella, sondern nur noch alle paar Tage, um zu schauen, ob alles okay mit ihr war. Sie freute sich, mich zu sehen, und stand oft schon am Tor, wenn ich auftauchte, oder kam mir auf dem Weg entgegen. Ich saß dann ein Weilchen mit ihr auf der Wiese, während sich die anderen Pferde zu uns gesellten. Gemeinsam wiegten wir uns wie das Gras im Sonnenlicht dieses traumhaften Sommers und genossen einander. Hin und wieder gingen wir auch spazieren, und manchmal ritten wir auch aus. Mit jeder Woche veränderte sich die Natur von grün nach beige und gold.

Den Freiraum, der entstand, da ich weniger arbeitete und nicht mehr ganz so oft zu Bella fuhr, füllte ich nach und nach damit, mich für die Welt zu öffnen.

Statt zu Hause zu bleiben, fuhr ich nach Hamburg oder setzte mich in die Bahn und fuhr einfach irgendwohin. Meine Angst nahm ich dabei gut an die Hand, wir waren ein echtes Team geworden. Manchmal kam auch der Schmerz mit, aber er war ganz sanft geworden und sorgte mit seinem melancholischen Ziehen eigentlich nur noch dafür, dass ich im Fühlen blieb. Davor hatte ich keine Angst mehr, sondern saugte alles in mich auf – all meine Empfindungen, die vielen Eindrücke, genauso wie Erinnerungen, die aufkamen, Bedürfnisse, die ich spürte, und Sehnsüchte, die sich zeigen.
Ich besuchte Ausstellungen, ging ins Kino oder lief ohne Ziel durch die verschiedenen Stadtteile Hamburgs und tauchte überall mitten hinein in das Leben, das sich da zeigte. Es gab so viel zu entdecken: kleine Cafés, in denen junge Leute arbeiteten oder sich unterhielten, lachende oder weinende Kinder, mit denen man spielte oder die getröstet wurden, einen Hund, der einen kleinen Einkaufskorb trug, Paare, die sich küssten oder stritten, manch einen einsam wirkenden Menschen auf einer Bank, buntes Treiben auf den Picknickdecken, all die Leute auf ihren Fahrrädern, in Cabriolets oder im Bus. Ich ließ mich von allem berühren und bewegen, staunte und wollte immer mehr davon. Immer öfter erlebte ich den Zauber grundlosen Glücks, das mich lächeln ließ, worauf wieder andere zurücklächelten. Ich nahm Blicke von Männern wahr, die

mir guttaten, fand so viele Mädchen und Frauen einfach bezaubernd und fühlte mit all denen, die so verschlossen aussahen, wie ich es selbst mal gewesen war. Obwohl ich nichts sagte, sang ich laut in mir immer wieder neue Melodien des Lebens. Meine Empfindsamkeit, die ich so lange nicht hatte haben wollen, wurde zu meiner größten Stärke – sie ließ mich leben!
Je mehr ich unterwegs war, desto mehr erlaubte ich mir, mich auch weiter in die Welt hinaus zu denken. Vielleicht könnte ich doch einmal irgendwo hinfahren, in ein Land, das ich nicht kenne.
Die Angst neben mir wurde etwas nervös, als ich über Afrika nachdachte, weil ich Elefanten so gerne mochte.
»Okay, wir müssen ja nicht gleich ganz so abenteuerlich beginnen«, sagte ich zu ihr, und sie beruhigte sich, »aber wie wäre es denn mit Island?«
Dieses neue Leben und meine Zeit mit Bella hatten doch irgendwie mit der Dokumentation über Island begonnen. Vielleicht rief mich dieses Land? Ich hatte Lust auszuprobieren, wie Reisefieber und Abenteuerlust schmeckten. »Bist du mit dabei?«, fragte ich die Angst und war mir fast sicher, sie leicht lächeln zu spüren.

Wie wundervoll es war, sich solche Gedanken zu erlauben, ohne sie gleich wieder wegschieben zu müssen. Zusammen mit meiner Angst konnte ich mir immer freier erlauben, Neues zu denken und mir verschiedene Vorhaben auszumalen. Sie hielt kein ewiges Stoppschild mehr hoch, sondern im Gegenteil, auf ihrem Schoß hüpfte immer öfter eine köstliche Neugier, die mich kichern ließ wie ein junges Mädchen.

Neu war für mich auch, dass ich nicht gleich konkrete Pläne machte, um die Projekte umzusetzen, wie ich es sonst getan hätte. Ich ließ mich erst einmal alles Mögliche denken und träumen. »Nimm mich an die Hand, liebes Leben, und zeig mir den weiteren Weg – ich bin mir sicher, es wird prima!«, sagte ich in den Raum und es fühlte sich großartig an.

***

*»Es kann alles immer auch gut werden.«*

Bella

# Teil 3

… mit dem zwar das Buch endet,
nicht aber die Geschichte,
weil es immer weitergeht –
und das genau richtig so ist.

## Das Jahr mit Bella endet

Wie die Zeit vergeht! Schon bald wird Svenja aus Spanien zurückkommen. Damit geht die zauberhafte Zweisamkeit mit Bella zu Ende, denn dann wird sich Svenja wieder mehr um sie kümmern. Ich werde zwar weiter zu ihr fahren, aber es wird anders sein. Und wer weiß, vielleicht war es gerade diese zeitliche Begrenzung gewesen, die das Besondere zwischen uns möglich gemacht hatte.

In diesem Moment bin ich wieder auf der Weide bei Bella. Die Sonne steht bereits tief und taucht alles in das schwere, goldene Licht dieser Jahreszeit.
Ich teile mit Bella einen ganz vertrauensvollen Moment, denn sie hat sich neben mich gelegt. Ich darf mich an sie lehnen, und gemeinsam atmen wir den nahenden Herbst tief in uns ein.
Der Herbst schmeckte für mich schon immer nach Abschied, machte er mir doch bewusst, dass die Zeit vergeht – ganz allgemein, aber vor allem auch meine eigene.
Ich habe früher sonst nicht viel über die Zeit nachgedacht. Dafür war ich viel zu beschäftigt damit gewesen, all das im Griff zu haben, was mir so wichtig erschien. Weil alles so unsicher und endlich war, versuchte ich dem Leben eine Art Versprechen für meine ganz persönliche Ewigkeit abzuringen, denn es war für mich unerträglich, ein Ende als

Option zu akzeptieren. Aber natürlich kämpfte ich auch damit gegen die Realität. Enden in jeder Form gehören immer zum Leben dazu.
Das letzte Jahr hat mir ein neues Bewusstsein darüber geschenkt, wie kostbar meine Zeit ist. Bella hat mir gezeigt, wie wenig ich bisher im Sein gewesen war. Es war für mich immer darum gegangen, was ich alles machen muss, aber nie darum, wer ich bin. Jetzt übe ich immer wieder, mich voll und ganz selbst zu spüren, unabhängig davon, wie sehr das Leben um mich herum auch schwanken oder toben mag.

In diesem Jahr nimmt mich der Herbst sehr liebevoll an die Hand und führt mich mitten hinein in sein Fest. Ich sehe seine Farben nicht nur, ich fühle sie. Ich werde eine von ihnen. Es ist kein lautes Fest, sondern ein leises. Niemand von außen erahnt es, denn all die Farben strahlen nach innen, und meine Seele wird zum Ballsaal.
Hand in Hand und Schritt für Schritt tanzen der Herbst und ich in mir, bis das Fest zu Ende gehen wird. Dann wird sich zeigen, was der nächste Winter bringt – ... vielleicht wieder Rückzug und Erholung, oder er überrascht mich mit etwas anderem.

An Bella gelehnt, schaue ich noch einmal zurück auf das Jahr, das nun hinter mir liegt. Es begann mit dem Sturz

ins vermeintliche Nichts, das sich aber als etwas ganz anderes herausstellte: Ich fiel nur aus einem Leben, das mir eigentlich gar nicht passte, hinein in ein neues Leben. Und irgendwie hatte ich dort schon auf mich gewartet, denn so verletzt und verunsichert ich auch war, empfing ich mich doch mit offenen Armen.
Es ging viel runter und rauf in diesem Jahr, und zu erfahren, dass ich auch die Achterbahnfahrten des Lebens aushalte, hat mich gestärkt. Ich habe sehr Schmerzhaftes erlebt, aber auch ganz Wundervolles. Ich habe zu weinen gelernt und mein Lachen wiedergefunden. Ich habe losgelassen und bin nun freier – vor allem frei, ich selbst zu sein.

Am Ende dieses Jahres bin ich eine andere Doro als die, für die ich mich vor langer Zeit entschieden hatte.
Wer war eigentlich diese Doro gewesen, die ich unbedingt sein wollte? Vieles, was sie tat und entschied, erscheint mir heute fremd, und ich möchte keinen einzigen Schritt zurückgehen.
Ich – die Doro von heute – habe kaum noch feste Vorstellungen. Ich brauche kein Geländer mehr, an das ich mich klammern kann, denn meine Angst ist inzwischen eine Freundin. Mit ihr zusammen lerne ich, die Unsicherheiten des Lebens zu surfen, statt mich irgendwo zu verkriechen, damit sie mich nicht finden. Und wir passen dabei gut aufeinander auf.

Die Doro von heute trägt Fleecepullis und Regenjacken und hat Trauerränder unter den Fingernägeln. Mit Trauer hat der Schmutz unter meinen Nägeln aber nichts zu tun, im Gegenteil: Er zeigt mir, dass ich ins Leben zurückgekehrt bin! Und dieses Leben heiße ich heute täglich mit einem weit geöffneten Herzen willkommen.
Intensiv fühlen zu können, ist heute für mich ein Geschenk und keine Bürde mehr, und meine Empfindsamkeit betrachte ich immer mehr als einen Schatz statt einen Fehler. Statt ständig zurückzuschauen oder voller Sorgen in die Zukunft zu blicken, tanze ich immer öfter im Jetzt, und es ist egal, ob die Sonne dabei scheint oder ob es regnet oder was morgen sein wird.

Dass dieses besondere Jahr mit Bella nun endet, macht mich weniger traurig, als ich es befürchtet hatte. Einerseits war es von Anfang an so gedacht gewesen, und andererseits verliere ich ja nichts – im Gegenteil: Es öffnet sich ein Raum für Neues, der gefüllt werden will.
Wenn ich eines verstanden habe, dann das: Das Leben ist Veränderung! Mit jedem Schritt, den ich mache, bin ich nicht mehr die Doro wie vor dem Schritt. Mit jedem Tag lerne ich dazu und verändere mich. Was ich in einem Moment fühlte, kann im nächsten schon wieder anders sein. Stimmungen kommen und gehen wie Wellen, und ich lerne, sie zu reiten.

Ich stemme mich nicht mehr gegen den Lauf der Dinge, denn es ist sinnlos, mit dem Leben zu kämpfen. Das Leben ist immer stärker!
Und weiser auch.

Wenn ich nicht mit dem Leben ringe, dann habe ich Kraft, mich zu entfalten und zu wachsen. Und so bin ich heute schon gespannt auf die Doro, die ich im Herbst des nächsten Jahres sein werde.

## Wie es weitergeht

Gestern fuhr ich mit Svenja zu Bella.
Wie wundervoll es war, die beiden zusammen zu sehen! Als Svenja Bella rief, schoss ihr Kopf nach oben, und sie wieherte laut. Dann kam sie zum Tor galoppiert. Mehr Freude kann ein Pferd nicht zeigen.
Tat es mir weh? Vielleicht ein kleines bisschen, aber viel mehr als das konnte ich mich für die beiden freuen.
Svenja halfterte Bella und führte sie durch das Tor. Dann schwang sie sich ohne meine Hilfe auf Bellas Rücken und ritt neben mir zum Stall. Wie stolz Bella wirkte und wie glücklich. Ja, auch Pferde können ihr Glück zeigen.
Svenja und ich setzten uns danach noch in ein Café und redeten lange. Ich hatte nicht gewusst, dass Bella ihr erstes Pflegepferd gewesen war und sie sich vier Jahre lang fast täglich um sie gekümmert hatte. Es verband die beiden eine tiefe Vertrautheit, und ich wusste, dass Svenja sich trotz Abi und Studium immer um Bella kümmern würde.
Dann fragte ich nach der Zeit in Spanien und hörte all ihren Geschichten zu, hörte, was sie erlebt hatte.
Wie jung sie noch war, dachte ich und erinnerte mich daran, wie alt ich im Vergleich dazu bereits in diesem Alter gewesen war. Dafür war ich aber heute in gewisser Hinsicht jünger denn je.

»Es war eine unglaublich tolle Zeit, die ich nicht missen will«, sagte Svenja. »Aber nun bin ich froh, wieder hier zu sein.«
Als ich Svenja dann später zu Hause absetzte, reichte sie mir noch eine kleine Geschenkschachtel.
»Als Dankeschön für das, was du für Bella und mich getan hast«, sagte sie.
Ich wollte antworten, dass das doch nicht nötig sei und mir doch Bella schon so viel gegeben hatte, aber dann bedankte ich mich einfach und öffnete die kleine Schachtel. Darin lag auf einem schwarzen Stück Samt eine silberne Kette, an der ein kleines, zart geschwungenes B hing. Ich schaute Svenja an, und sie zeigte mir, dass sie genau die gleiche Kette mit einem solchen Anhänger trug.
Wir nahmen uns ganz fest in den Arm.

Ich habe so vieles geschenkt bekommen durch Bella, ich habe so vieles von ihr gelernt. Ich bin gewachsen und habe zu mir gefunden. Ich wurde von Bella auf verschiedene Weise getragen und kann nun aus eigener Kraft weitergehen. Ich fühle mich sehr reich.
Bella ist für mich keine Freundin im menschlichen Sinn, und sie war auch nie ein Partnerersatz. Sie hat mir nicht erlaubt, dass ich mich bei ihr weiter vor dem Leben verstecke, wie ich es so lange getan hatte, sondern sie hat mir gezeigt, was das Leben ausmacht, und auch, wie es ein

ganzes Stück leichter wird. Sie hat nie zugelassen, dass ich mit ihr Löcher in mir stopfte, sondern ich lernte durch sie, diese Löcher zu heilen.
Auch wenn ich Bella kaufte, so gehört sie nicht mir und nicht einmal Svenja, sie gehört nur sich selbst.
Bella ist eine Gefährtin, mit der ich ein Stück meines Weges gehen durfte, den ich auch noch ein Stück weiter mit ihr gehen werde. Durch sie ist es mir möglich, nicht festzuhalten, was ist, sondern offen zu lassen, was sein wird. Deshalb schaue ich, auch wenn es um sie geht, nicht zurück, sondern nach vorne.

Was mich umgibt, ist Dankbarkeit.
Wenn ich ehrlich bin, war ich selten dankbar in meinem Leben. Das drängende Bedürfnis, alles festhalten und kontrollieren zu können, verhinderte Dankbarkeit durch die ständige Furcht vor dem Verlust, die alles so eng werden lässt. Dankbarkeit braucht ein weit geöffnetes Herz, durch das das Leben frei fließen kann, denn Dankbarkeit ist pure Energie. Man kann sie genauso wenig in den Händen halten wie Wasser, aber man kann in ihr schwimmen und tief eintauchen.
Dankbarkeit ist eine Quelle von Glück.

So gerne ich hier noch berichten würde, wohin mein weiterer Weg mich führt, so ist das nicht möglich, denn den

muss ich ja erst gehen! Meine Geschichte ist – so wie es alle Lebensgeschichten sind – offen.
Ich habe viele Ideen, aber noch keine konkreten Pläne – und das ist gut so. Während ich früher am liebsten alles vorher gewusst hätte, um mich darauf einstellen und vorbereiten zu können, bin ich heute froh, dass ich nicht weiß, was kommen wird. Wie verzweifelt hätte ich gekämpft, wenn ich gewusst hätte, was alles auf mich zukommen würde – und wie viel hätte ich dadurch vielleicht verhindert! Glücklicher hätte mich das nicht gemacht.

Durch Bella habe ich gelernt, dass Optimismus das Leben leichter macht und dass sich selbst Furchtbares als Geschenk herausstellen kann. Auf diese Weise hat sich in mir ein Tor weit geöffnet, und ich renne hindurch in ein – nein, in *mein*! – Leben, das darauf wartet, endlich von mir entdeckt, gefühlt und gefüllt zu werden.
Heute erlaube ich mir großartige Fragen, für die ich früher viel zu ängstlich war:

- Welchen Weg will ich ausprobieren und wohin wird er mich führen?
- Was will ich wirklich und was nicht?
- Wohin zieht es mich und warum?
- Was möchte ich tun und was auf keinen Fall?
- Was ist mir wirklich wichtig, und was brauche ich nicht mehr?

– Worauf bin ich neugierig, und was alles will in mir gelebt werden?

Aber eine Sache gibt es noch zu erzählen, denn vor einigen Tagen habe ich tatsächlich jemanden kennengelernt. Und als die Doro, die ich nun sein darf, habe ich mich Hals über Kopf in ihn verliebt. In seine Sanftheit, in seinen Humor, in sein Lachen und auch in seinen Schmerz und die Portion Schwermut, die er mitbringt.
Seine Trennung liegt länger zurück als meine, aber sein Schmerz ist noch deutlich spürbar. Ein bisschen erinnert er mich an einen Kranich mit einem angebrochenen Flügel. Ich weiß genau, dass er wieder fliegen wird – und wer weiß, vielleicht ja sogar mit mir.
Obwohl ich spüre, dass er die andere Frau noch nicht losgelassen hat und zögert, sich auf mich einzulassen, habe ich keine Angst vor dem, was ich für ihn empfinde, auch wenn es vielleicht Schmerz bringen wird, sollte er sich gegen mich entscheiden. Ich weiß ja, dass das Leben es nicht böse meint, wenn es mal wieder alles durcheinanderbringt, und so springe ich voller Mut in das kunterbunte Gefühlschaos, das es da gerade für mich bereitstellt. Wie immer sich die Sache auch entwickeln wird, genau das ist Teil meines Weges, und ich freue mich darauf, ihn zu gehen.
Und so möchte ich sofort aufspringen und mit diesem Mann loslaufen, egal wohin. Ich möchte mit ihm Seifen-

blasen fangen und Sterne zählen. Ich möchte mit ihm im Meer schwimmen und Musik bis tief in die Nacht hören. Ich möchte alle Eissorten mit ihm kosten, die es nur gibt, und zusammen mit ihm den Duft jeder Rose erkunden, die wir finden. Ich möchte ihn zum Lachen bringen und da sein, wenn er weinen will. Ich möchte ihn umarmen, ohne das Bedürfnis, ihn festhalten zu müssen. Ich möchte ihm nah sein, ohne ihn zu bedrängen, und mich hingeben, ohne mich dabei zu verlieren.

Und vor allem möchte ich nur noch Doro sein und niemand anderes.

## Bellas Gedanken über das Glück

Ich bin nur ein Pferd, aber ich weiß, was Glück ist.

Es gibt viele Gründe, glücklich zu sein. Und es gibt viele Gründe, unglücklich zu sein. Ich habe immer versucht, mich dafür zu entscheiden, glücklich zu sein.

Glück ist kein Ziel, das es zu erreichen gilt. Glück kann man nicht erzwingen, nicht einfordern und nicht besitzen. Glück kann man nicht bauen.

Glück gibt es auch nicht zu kaufen. Wer denkt, dass man Glück im Katalog bestellen kann, zusammen mit lauter Extras, der irrt sich.

Viele denken, sie brauchen etwas, um glücklich zu sein zu können – etwas, das man haben oder erleben kann. Natürlich kann all das Freude machen, aber das Glück hängt nicht davon ab.

Glück kann man nur fühlen, denn es entsteht in einem selbst. Man kann auch glücklich sein, wenn es keinen Grund gibt, einfach nur so. Um das erleben zu können, muss man manchmal seine Erwartungen loslassen und achtsam sein, um es auch wahrzunehmen, wenn es da ist.

Glück zu haben ist etwas anderes, als glücklich zu sein. Um glücklich zu sein, muss man Glück fühlen können, nur Glück zu haben, reicht nicht aus.

Man darf nicht versuchen, auf dem Glück zu beharren, oder erzwingen wollen, dass es bleibt. Genau wie das Leben ist Glück veränderlich.

Glück ist nicht die Abwesenheit von Schmerz oder Leid oder Schwierigkeiten. Glück ist innerer Frieden, der geboren wird aus einem bedingungslosen Ja zum Leben. Und auch zum Sterben.

Man sollte keine Angst vorm Loslassen haben, denn das Schöne bleibt immer im Herzen, nicht nur als Erinnerung, sondern als Quelle von Glück, denn: Liebe macht aus Trauer Trost.

»Ob man von einem Pferd
oder vom Leben lernt,
macht letztlich keinen
Unterschied.«

Bella

# Nachwort

Die Idee zu diesem Buch hatte ich schon lange. Ich wünschte mir, eine Geschichte voller Hoffnung und Liebe zum Leben zu schreiben. Sie sollte Mut machen, sich zu erlauben, wirklich man selbst zu sein und sich anzunehmen mit der eigenen Verletzlichkeit, all den vielen Gefühlen und auch dem Schmerz, der einfach zum Leben dazugehört.

Doros Geschichte ist nicht meine eigene, und Bella ist auch nicht mein eigenes Pferd. Aber es ist viel in diese Geschichte von dem eingeflossen, was ich auf meinem eigenen Weg an Erkenntnissen und Einsichten gewinnen durfte und geschenkt bekam – sowohl von Menschen als vor allem auch von den Pferden.

Auch mich führte das Ende meiner ersten Ehe auf den Weg zu mir selbst. Nicht ganz so geradlinig, wie es Doro hier gelingt, ich brauchte deutlich länger. Aber so, wie Doro nach dem Zusammenbruch des Bisherigen eine ganz neue Welt erlebt, so bieten uns genau das alle Krisen: große Chancen auf Veränderungen zum Guten. Dafür müssen wir nur bereit sein, das loszulassen, was uns im Gestern hält, wir sollten dabei so wenig Energie wie möglich ans Hadern verlieren und, statt uns als Opfer der Umstände zu erleben, auf eigenen Füßen vorwärtsgehen. Mögen die Schritte auch noch so klein sein, es geht immer ein Stückchen weiter, auch in den dunkelsten Stunden – das habe ich immer wieder erfahren dürfen. Wenn ich nur eine Sache vermitteln könnte, wünsche ich mir, dass es diese ist: nie die Hoffnung zu verlieren!

Nicht immer erkennen wir die Geschenke von schwierigen Zeiten sofort, denn sie präsentieren sich oft ohne Schleife und kommen häufig zusammen mit etwas, um das wir nicht gebeten hatten. Meine Erfahrung ist die: Sowie wir aufhören, dagegen anzukämpfen oder Schuldige zu suchen, kann unser Herz bereits spüren, dass der Weg gut und richtig ist und dass etwas Wundervolles auf uns wartet. Bella würde wohl sagen: *»Wir sollten viel öfter auf unser Herz hören.«* – Und dem schließe ich mich an.

Wer mehr von mir lesen möchte, findet mich im Internet unter www.tania-konnerth.de und www.wege-zum-pferd.de. Ich freue mich immer sehr über Rückmeldungen und Zuschriften, am besten per Mail an tk@tania-konnerth.de

Tania Konnerth

Tania Konnerth schreibt, seit sie mit sieben Jahren von ihrer Oma ein Tagebuch geschenkt bekam. Die Leidenschaft der Diplom-Bibliothekarin und -Kommunikationswirtin gilt neben dem Schreiben von Sachtexten, Gedichten, Geschichten und Erzählungen vor allem Pferden. Auf ihrer Website https://www.tania-konnerth.de verfasst sie zahlreiche Artikel zum Thema. Tania Konnerth hat bereits über zwanzig Bücher veröffentlicht, bei Herder u. a. den Bestseller »Aus der Schatzkiste des Lebens«.

MIX
Papier | Fördert gute Waldnutzung
FSC® C014496


www.herder.de

Umschlagkonzeption: Verlag Herder
Umschlagmotiv: © Valenty / shutterstock
Vignetten im Innenteil: © Valenty / shutterstock
Satz: Arnold & Domnick, Leipzig

Herstellung: GGP Media GmbH, Pößneck
Printed in Germany

ISBN Print 978-3-451-03476-3
ISBN E-Book (EPUB) 978-3-451-83491-2